经典科学系列

可怕的科学
HORRIBLE SCIENCE
动物的狩猎绝招
ANGRY ANIMALS

[英]尼克·阿诺德 / 著　[英]托尼·德·索雷斯 / 绘　陈伟民 / 译

U0257179

北京出版集团
北京少年儿童出版社

著作权合同登记号

图字:01-2011-4727

Text © Nick Arnold 2005,

Illustrations © Tony De Saulles 2005

Cover illustration reproduced by permission of Scholastic Ltd.

本书中文译稿由台湾天下远见出版股份有限公司授权使用。

图书在版编目(CIP)数据

动物的狩猎绝招 / 〔英〕阿诺德著;〔英〕索雷斯绘;陈伟民译 . —北京:北京少年儿童出版社,2013. 1(2024.10重印)

(可怕的科学·经典科学系列)

书名原文:Angry Animals

ISBN 978-7-5301-3300-2

Ⅰ.①动… Ⅱ.①阿… ②索… ③陈… Ⅲ.①动物—少年读物 Ⅳ.①Q95-49

中国版本图书馆 CIP 数据核字(2012)第 258251 号

可怕的科学·经典科学系列

动物的狩猎绝招

DONGWU DE SHOULIE JUEZHAO

〔英〕尼克·阿诺德 著

〔英〕托尼·德·索雷斯 绘

陈伟民 译

*

北 京 出 版 集 团 出版
北 京 少 年 儿 童 出 版 社

(北京北三环中路6号)

邮政编码:100120

网 址:www . bph . com . cn

北 京 少 年 儿 童 出 版 社 发行

新 华 书 店 经 销

三河市天润建兴印务有限公司印刷

*

787 毫米×1092 毫米 16 开本 8.75 印张 100 千字

2013 年 1 月第 1 版 2024 年 10 月第 46 次印刷

ISBN 978 - 7 - 5301 - 3300 - 2

定价:22.00 元

如有印装质量问题,由本社负责调换

质量监督电话:010 - 58572171

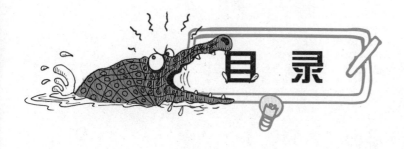

目 录

引 子

大多数人都很喜欢动物，但是有些动物并不喜欢我们。当然，我说的不是那些可爱的宠物，它们可能很乐意给你的脚指头搔痒痒；我说的是那些凶猛的野兽，它们可能比较喜欢咬断你的胳膊，当作晚餐吞下肚，例如以下这些动物。

它们看起来不太友善，对不对？在这本充满刺激的书里，我将告诉你：动物为什么会攻击人类，以及遭受攻击时，你该如何保命。本书的内容保证比长毛象的毛还扎手。事实上，因为本书的内容实在太危险了，我必须虚构一位专家来协助我们，因为这个人"笨"到敢拥抱一只饥饿的老虎。现在，让我们欢迎本书首席电视自然节目主持人——郝冶寿先生，以及他聪明的宠物——小猴！

冶寿先生将帮我们找出全世界最危险的动物，然后把这个可爱的奖杯颁给它！

祝你阅读愉快！虽然这本书中有一些血腥的情节，可能会让你吓得发抖，但是也会让你对大自然有全然不同的看法，甚至改变你对"人类"的观点！你有勇气读下去吗？哦，别当胆小鬼！加油，我相信你有这个胆量！

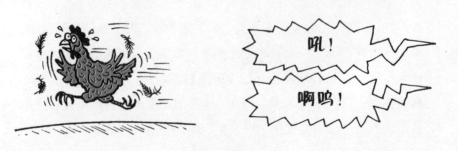

野兽常识

　　你现在一定想冲进最近的森林，搜寻世界上最危险的动物吧？嗯，你找不到！尽管地球上有多达150万种以上的动物，可如果不使用一些搜寻技巧，你根本找不到那些危险的动物！

　　下面有一些简单的问题，可以帮助你搜寻到想找的动物，并帮助你决定从哪里开始。

　　它属于动物中的哪一类？它吃什么？它住在哪里？

　　以下是一些有用的科学专有名词：
　　脊椎动物——有脊椎的动物；
　　无脊椎动物——没有脊椎的动物。　（它们没骨气。哈哈！）

超简单动物分类指南

　　由我们的助理主持人小猴和其他动物负责说明：

我是脊椎动物，你也是。

我们螃蟹是无脊椎动物，微生物、蠕虫、昆虫、蝎子和水母也是。

脊椎动物的主要成员有鱼类、两栖类、爬行类、鸟类和哺乳类。

我们鱼类可在水里游泳，并用鳃呼吸。

我们青蛙是两栖类，大多数时间在陆上生活，但在水中产卵。

我没有鳃，用肺呼吸，所以我不是鱼。

哦，讨厌，它们会吃猴子。

我们鳄鱼和蛇属于爬行类，大多数皮肤上都有鳞片，而且产下的卵都有皮质化的卵壳保护。

鸟类的特征是具有羽毛、翅膀，没有牙齿，而且脚趾少于五趾。

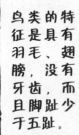

如果有一种动物具有羽毛，没有牙齿，但有五根脚趾，可能就是一个拿着鸡毛掸子的老奶奶。

哺乳类是像我们猴子这种有毛发的动物，而且会用乳汁哺育下一代。

别忘了哦，还有大象、熊、老虎、狮子、狼，还有……啊，你们人类！

嗯，小猴果然很聪明，解释得很清楚。接下来，我们将根据动物所吃的食物对它们进行分类，希望不会让你倒胃口，因为虽然下面这些资料很容易消化，但你读了以后，恐怕会觉得很乏"味"。

动物饮食的机密档案

跟你一样，每种动物都有它们最喜欢的食物。

▶ 吃肉的动物爱吃肉（谁说科学很难），更科学一点儿的说法是这类动物叫作肉食性动物，被它们吃的动物叫作猎物。你家里养的小猫和小狗是肉食性动物，老虎也是。（注意啦：老虎会很高兴吃掉你的猫、吞下你的狗，所以最好不要把它们关在一起。）

▶ 有些动物喜欢吃腐败的动物的肉，被称为腐食性动物。许多腐食性动物会吃掉任何动物尸体，即使非常肮脏或是长满蛆虫，也照吃不误，秃鹰就是一种标准的腐食性动物。

▶ 吃草的动物爱吃草（我猜你买这本书就是为了要查明这件事），聪明的生物学家称它们为草食性动物。这类动物包括大象、河马和天竺鼠……

▶ 动植物都吃的动物，被称为杂食性动物（希望你是杂食性动物，不然整天只吃牛排或青菜太可怕了）。

▶ 吃昆虫的动物是食虫动物，我打赌它们看到食物长蛆一定非常高兴。这类动物包括非洲土豚（一种非洲的哺乳动物，又叫食蚁兽）等。

嚼

牛肉莴苣三明治

不"食"蚁"就会"瘦"了！

速食

舔舔

动物饮食大考验

真糟糕！冶寿先生本想给动物园里的动物喂午餐，可是他把动物们的食物都送错了！你能为每种动物送上它们真正爱吃的食物吗？

1. 老虎
a)
啊，白蚁？哇！

2. 土豚
b)
哦，天啊，我可不吃鹿！

3. 大象
c)
哇，腐肉！

4. 秃鹰
d)
我讨厌香蕉！

5. 猴子
e)
我不吃草！

经典科学系列
动物的狩猎绝招

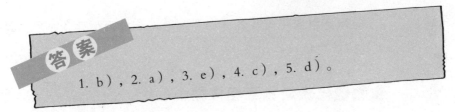

肉食性动物吃草食性动物，草食性动物吃植物……依此类推，科学家把动物彼此之间谁吃谁的关系，画成了一张特殊的关系图，称为食物链或食物网（这张网和蜘蛛网或互联网完全无关）。还是不清楚？以下是动物饮食的机密档案，可以充实一下你的脑袋。

危险动物的机密档案

名称：食物网和食物链

基本资料：

1. 每种动物可能只吃植物、只吃动物，或是两种都吃。

2. 以下是狼的食物网：

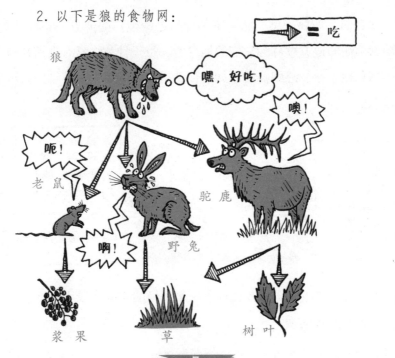

3. 食物网中的一组连线称为食物链，这种链和自行车链条或是裤子拉链一点儿关系也没有。

食物链代表动物互相依赖……

▶ 如果草食性动物灭绝了，肉食性动物也会灭绝，因为它们没有东西可吃了。

▶ 如果肉食性动物灭绝了，草食性动物的数目会大量增加，并吃光所有植物。接着，草食性动物会因为没有东西可吃而灭绝。所以，肉食性动物吃草食性动物，也是为它们着想。

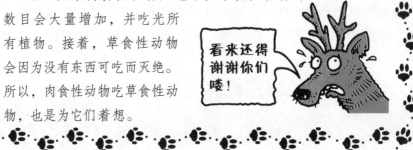

看来还得谢谢你们喽！

动物的家

最后，要向大家介绍一下如何以动物生活的地方为动物分类。动物生活的地方被称为它们的栖息地，每一种动物只有生活在自己的栖息地，才会感到舒适。如果你希望自己听起来很有学问，可以这么说：

每一种物种都能适应栖息地的生活。

贾聪明同学，说得太好了，我没有什么要补充的！

生物课白老师

为了证明这一点，我设计了一个搞怪的实验。以下是 3 种生活在不同栖息地的动物：

1. 海中的鲨鱼

2. 沙漠中的骆驼

3. 北极的北极熊

如果我们给这些动物搬家，会发生什么事呢？例如把鲨鱼搬到北极，把北极熊搬到沙漠，然后把骆驼扔进海里……

▶ 鲨鱼的鳃可以呼吸溶解在水中的氧气，但是在空气中反而无法呼吸，要是到了北极它会被冻成冰块儿。呃，有人想吃鲨鱼冰棒吗？

▶ 北极熊长有厚厚的毛皮是为了适应极地寒冷的生活，但是在沙漠穿这件毛皮大衣可就太热了！

▶ 骆驼的身体可以适应炎热干燥的沙漠生活，可是如果沉到海底……嘿，快给它一副水肺设备和脚蹼啊！

以上就是有关动物的基本常识。现在，我们可以出发去寻找世界上最危险的动物了。

等等！
别急！

又怎么啦？冶寿先生。

你还没有解释动物为什么要攻击人类呢！

说不定是人类先惹我们的！

哎呀，我真糊涂！在没有弄懂动物为什么攻击人类之前，当然还不能出发，否则没等你查觉到危险，就会受到动物的攻击了……天呀，上一页的北极熊找上门了！

对不起！我错了！
哎哟！哎哟！

各位读者，别担心！本书作者尼克等一会儿就能脱离危险，带我们继续进入下一章……

野兽的全面攻击

我现在好多了，真的好多了。本章将为你解释动物为什么会攻击人类，这也是为什么我现在要躲在床底下的原因。被动物攻击的受害者下场通常十分凄惨……

南非，1960年

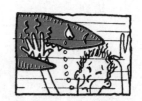

有一个10来岁的小男孩本以为自己碰到了海草，但紧接着他就看到鲨鱼正在咬他的腿。在绝望之际，他想用手去戳鲨鱼的眼睛，结果手却滑进了鲨鱼的嘴巴，并立刻被鲨鱼尖锐的牙齿咬住。没多久，鲨鱼放开了他，但是正当男孩想逃走时，这个杀手又咬住了他的身体。男孩奋力游泳以求脱身，鲜血染红了一大片海水……

澳大利亚北部，1981年

一只巨大的鳄鱼想把一个男人拉进深水中，大量的血从这个男人的身体涌出。一位勇敢的12岁女孩立刻跳进河里紧抓住这个男人的手臂去救他。当鳄鱼的尖牙越咬越深时，男人因痛苦而尖叫，但小女孩仍咬紧牙关，不愿放弃……

非洲肯尼亚，20世纪初

一位小女孩赤脚走在沙地上，边走边唱着歌，根本没有注意到有只狮子正利用草原的掩护偷偷地靠近她，并准备扑上去。没多久，她只感觉到有一股强大的力量把她扑倒在地，尖牙咬进她的腿，世界只剩

下震耳欲聋的吼声……

最后，男孩终于游到了岸上；12岁的女孩把落水的男人拉上岸，并设法将他送到安全的地方；被狮子扑倒的小女孩，也被人从狮口中拯救出来。听到这样的结局，你一定很高兴。不过，其他受害人就没有这么幸运了。为什么人类会受到动物们的攻击？人类真的这么好吃吗？让我们来采访一下冶寿先生……

3个小时之后……

事实上，冶寿先生给了我们很多个答案。

▶ 肉食性动物会为了食物而猎杀别的动物，因此有些肉食性动物本来就以猎杀人类为目标，但大多数肉食性动物只会在把人类误认成它的猎物时，才会发起攻击。有些勇敢的科学家曾经研究过老虎和狮子为什么会吃人，在本书第99页可以找到他们的研究成果。

▶ 草食性动物并不喜欢一天到晚被其他动物吃，也会想要反击。如果草食性动物认为人类想攻击它们，有时也会发起攻击。

▶ 许多动物在认为人类侵入了它们的领地（包括生活和进食的区域）之后，就会攻击人类。

▶ 动物生气时，也比较容易攻击人类。

▶ 受伤的动物脾气总是不好，比如牙齿痛的老师就特别危险！

▶ 关在笼子里的动物比较容易紧张，冒险进入笼子的人当然容易受到攻击。所以我现在不太想靠近白老师……

▶ 雄性动物在繁殖季节会特别暴躁，因为它们常常要和其他雄性动物互相打架去争夺配偶，可能会把脾气发在人类身上。

▶ 如果我们太靠近动物宝宝，它的妈妈可能会为了保护幼崽而向我们发起攻击。

▶ 雄性动物可能为了保护家庭成员而发起攻击。

▶ 大型动物在肚子饿的时候，脾气一定不好。如果人类为了饲养牛羊而占用太多草地，其他草食性动物通常就得饿肚子了。

更糟的是，许多动物似乎对攻击人类兴致勃勃。在下面的大考验中，共有5种动物曾攻击过人类，其他两种动物却像毛绒玩具一样无害。你能判断出哪些动物有致命的危险，哪些动物没有危险吗？

危险动物大考验

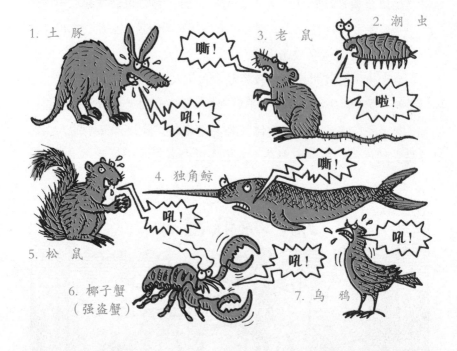

1. 土豚

嘶!

吼!

3. 老鼠

2. 潮虫

啦!

嘶!

4. 独角鲸

吼!

5. 松鼠

6. 椰子蟹
（强盗蟹）

吼!

吼!

7. 乌鸦

答案

1. 有危险！2001 年，一名苏格兰观光客在非洲被一只生气的土豚撞飞到半空中，结果断了4根肋骨，搞得灰头"土"脸！

2. 没有危险！潮虫爱吃腐烂的木头，所以只对老师的拐杖构成威胁。

3. 有危险！老鼠会攻击正在睡觉的人。不过根据科学家的说法，这种行为并不是冲着人类而来的，因为活老鼠本来就会吃死老鼠，对它们而言，人在睡觉的时候有点儿像……但是，无论如何，都不能把你的宠物鼠放在妹妹的床上。

4. 只要你不激怒它，就没有危险！虽然独角鲸拥有一只尖角，但是从来不会用它刺伤人类。你知道吗？独角鲸游泳时肚子是朝上的，看起来就像一具漂浮的尸体。

5. 有危险！当古怪的发明家麦可·麦登测试他的喂鸟帽（结合鸟笼和坚果盘的帽子）的时候，遭到了一只凶暴的松鼠的攻击，造成麦可的脖子受伤。这是真的，所以别再摇头了！

喂，别闹了！

6. 有危险！谈到坚果，就让我联想到椰子。1957年，在红海的一座小岛上，曾经有26个睡着的人因遭到椰子蟹的攻击而死，原因是这些椰子蟹把他们的头当成了椰子，这点真令人"蟹"气！

7. 有一点儿危险！你认为像乌鸦这样的鸟儿不会伤害你？你说的也没错啦！不过，当人类太靠近它们的巢穴时，这种野蛮的鸟就会开始用粪便攻击人。有人想和50只不断拍动翅膀并拉出大便的乌鸦打架吗？

我被"便"了！

你肯定不知道！

说到那些长羽毛的恶魔……对不起，是长羽毛的朋友，在2004年，一位邮递员曾经被一只凶猛好斗的雉啄得很惨。惹上这种鸟，真是不"雉"之举。

重要声明

我刚刚收到"最危险动物杀手选拔赛"评审寄来的一封紧急电子邮件。

最危险动物杀手选拔赛

我们已经收到数百张参加"最危险动物杀手选拔赛"的报名表，为了节省时间，我们只接受符合下面两个条件的动物报名：

▶ 有脊椎的动物；

▶ 杀死很多人类的动物。

希望读者们不会太失望！

评审团

如果按照上述标准，蜜蜂、黄蜂、水母、蜘蛛及蝎子都要退出竞赛，因为它们没有脊椎。鸟类和许多小型动物也要说再见了，因为它们不太可能杀死人类。哦，天啊，这些被淘汰的动物生气了！

呃，快溜！我们得潜水进入下一章！

呃，也许不是个好主意……

杀气腾腾的<u>鲨鱼</u>

在我们征选世界上最危险的动物时，第一位报名角逐的是大白鲨。关于这种杀气腾腾的水中杀手有很多骇人听闻的故事，我猜你们已经等不及想要听了……但是本书是一本声誉良好的科普图书，所以我只能透露一点点资料……

呃，好啦！我会在第20页告诉你们一些血腥的故事！

危险动物的机密档案

名称：大白鲨

动物种类：鱼类

饮食习惯：肉食性动物。吃鱼和哺乳类动物，例如可爱的海豹和海豚，以及古怪又不可爱的人类。

杀人纪录*：大白鲨每年杀死的人不到两个。所有的鲨鱼每年平均只杀死12个人。

栖息地：世界各地的冰冷海洋。而且由于某些奇怪的理由，它们喜欢在有海豹生活的小岛之间徘徊。你猜猜看，这是为什么呢？

*本书提供的所有数字，都是估计的结果，而且每年都会有变动。

体形大小：母鱼的体形比公鱼大，而且体长大约4.5米，有些大白鲨的体长可达6米以上，体重则达到3吨。

可怕的特征：

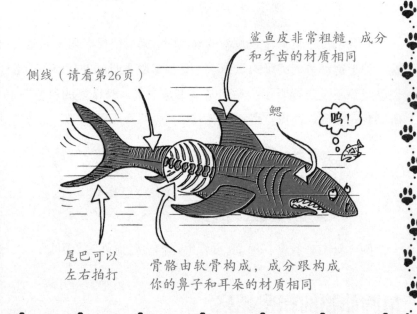

侧线（请看第26页）

鲨鱼皮非常粗糙，成分和牙齿的材质相同

鳃

呜！

尾巴可以左右拍打

骨骼由软骨构成，成分跟构成你的鼻子和耳朵的材质相同

你肯定不知道！

2003年，科学家发现鱼可用放屁产生的泡泡传递信息。鲱鱼会在晚上使用高频率的放屁声保持联络。没有人知道，鲨鱼的屁股是不是也能发出美妙的声音，欢迎你自己来研究，如果你敢靠近鲨鱼的话！

哦，对不起！

总之，关于大白鲨，以下是人们所知道的一些资料。呃，其实只有少数人知道……

大白鲨的秘密

▶ 大白鲨从卵中孵化出来时，还留在妈妈的肚子里。为了生存，它们会吃掉那些还没孵化的卵……没错，它们会吃掉自己还没出生的弟弟妹妹。

▶ 大白鲨有"肚脐"……而且就在它的喉咙上！这是它们还在卵里面时，身体与卵中卵黄相连所留下的痕迹。

▶ 一旦出生后，年幼的大白鲨必须躲避成年的大白鲨，以免被吃掉，因为连它的妈妈也想吃掉它呢！真是命苦！

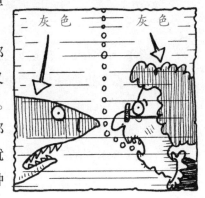

▶ 当大白鲨逐渐长大，头部会慢慢变成灰色，肚子也会变得又大又圆，嗯，这点跟某些人类很像。等到大白鲨整个身体的上半部都变灰色，当你由海面上往下看，就很难发现它的行踪了！因为这种体色可以帮助它融入深色的大海。

危险的鲨鱼家族

你认为自己的亲戚很难相处吗？等你跟鲨鱼家族相处过后再决定是否坚持这个观点吧。它们可不是什么和气的大家庭，所有的家族成员都想跟你玩"咔嚓"一口咬断的游戏……

公牛鲨

体形大小：体长 2.1~3.5 米。

栖息地：靠近岸边的温暖海域，有时候会逆游到内陆河流。

致命的危险：残暴的公牛鲨会咬死任何它在水里发现的人类，这种暴力习性使公牛鲨成为比大白鲨更可怕的鲨鱼杀手。

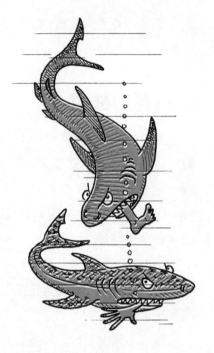

虎　鲨

体形大小：体长 3~6 米。

栖息地：和许多人一样，喜欢在温暖的海水中游泳。

致命的危险：可怕的虎鲨从不挑食，它们很乐意把人吃掉！

现在你一定在想，被鲨鱼攻击是什么感觉？

嗯，一点儿也不好玩！ 1994 年，南非冲浪冠军安德鲁·卡特被一条鲨鱼咬到。他回忆当时的情况说："我还记得它的力量很大，我觉得全身的骨头都好像被压碎了。"

当安德鲁四周的海水被染成红色的时候，他惊声尖叫了起来，但是很奇怪，和大多数被鲨鱼咬到的受害者一样，他当时并没有觉得很痛。当鲨鱼张开嘴巴，准备再咬一大口时，安德鲁把冲浪板塞进了鲨鱼的大嘴巴里。这时，一阵大浪及时打来，把安德鲁送上了岸。

安德鲁真是幸运！因为这条鲨鱼接着攻击了安德鲁的朋友布鲁斯，并咬掉他的大腿，布鲁斯最后因为伤势过重而死亡。

接下来是另一则与鲨鱼攻击事件有关的报道，篇幅大小正好适合你一口咬下……

马塔湾新闻报

疯癫船长目击 鲨鱼出没

汤马斯·寇特船长表示他在离本镇100米的小溪中，看见有一条鲨鱼出没。"我看到它深灰色的身影露出水面。"这位有些疯癫的退休老人，气喘吁吁地冲进镇上向居民示警，可是每个听见的人都大声嘲笑这位过气的老船长。

"愚"人的消息

老船长寇特真的可能看到鲨鱼吗？他八成是在做白日梦！马塔湾的居民不需要因为这个离谱的消息丢掉你们的浴巾，放心到小溪里戏水吧！没错，不必理会那个爱吹牛的老船长！

马塔湾新闻报

震惊全镇的鲨鱼 杀人事件

在鲨鱼造成两名本地男孩死亡以及许多人重伤后，全镇已经陷入一片恐慌。第一桩悲剧是年轻的列斯特·史帝威与朋友游泳时，在水中遭到不明生物的攻击。刚开始，没有人知道那是鲨鱼，直到列斯特的朋友史丹利·费雪奋不顾身地跳下水，想要拯救他的朋友时，可怕的鲨鱼咬掉了史丹利的一条腿。没多久，史丹利就在医院里过世了。

于是，全镇的民众陷入恐慌之中，人们纷纷登上小船，并向小溪里投掷炸药，想把鲨鱼炸成碎片。

但是鲨鱼立刻对人类展开了反击！当邓恩和他的朋友想逃离水面时，杀气腾腾的鲨鱼咬掉了男孩的腿！

读者来信

亲爱的编辑：

　　我曾经警告过史丹利·费雪：咬住小列斯特的可能是一条鲨鱼！但是那个愚蠢的男孩根本不理我。我以史丹利老师的身份提醒各位年轻人，一定要尊敬老师，才不会被鲨鱼吃掉。在我们年轻时，根本不会发生这种事情！

玛丽·安德森

道歉启事

　　本报在此为两天前的错误报道向各位读者们道歉！我们在一篇报道鲨鱼的文章中曾经写道："放心到小溪里戏水吧！"正确的句子应该是："鲨鱼来了，要逃趁早！"

　　这个故事里的情节都是真的，不过现代的鲨鱼专家不能确定当年攻击人们的是哪一种鲨鱼。后来，人们在事发现场附近抓到了几条鲨鱼，但没有人知道哪一条才是凶手。大多数人都归罪于其中的一条大白鲨，因为它的胃里有骨头，但真正的凶手很可能是另一条公牛鲨。

　　当我们一直在谈论有人被鲨鱼吃掉的时候，你说不定开始觉得有点儿饿了。如果是的话，下面将为你介绍一道美味的创意料理！

可怕的食谱 鲨鱼肚汤

这道汤中的所有材料都是从鲨鱼肚子里找到的。

材料：

▶ 马头1颗

▶ 自行车零件数样

▶ 人类的手臂1只

▶ 狗的脊椎骨1副

▶ 全羊1只（必须确定这只羊已经百分之百死透了）

▶ 鲨鱼的胃酸少许

▶ 盐与胡椒少许

厨具：

▶ 大锅1只

▶ 夹住鼻子的晒衣夹1个，因为这道汤会臭死人

请提供呕吐袋。

烹调步骤：

1. 把所有材料倒入大锅中搅拌均匀，或是直接倒进鲨鱼的肚子里。

2. 缓缓加热，直到散发的气味臭得让你受不了。

3. 在臭味引来邻居抗议之前，把汤喝掉，然后好好欣赏朋友呕吐的模样。

4. 把没喝完的汤倒进马桶里。

5. 躲到没有人找得到的地方。

你肯定不知道！

上面那条手臂来自澳大利亚黑帮人士詹姆士·史密斯！1935年，人们在一只虎鲨的肚子里找到他的手臂。后来，史密斯的同伙中有人承认谋杀了他，并把尸体扔进大海……鲨鱼竟然帮警方侦破了一起谋杀案哩！

不幸中之大幸

好消息： 全世界每一天有几百万人在海边游泳，但是真的被鲨鱼咬伤的人却少之又少。每一年，全美国被鲨鱼咬伤的人数，跟纽约市民被仓鼠咬伤后就医的人数相比，还不到后者的 1/4；而你被树上掉下来的椰子砸死的概率，比被鲨鱼咬死的概率还要高出 10 倍！

更好的消息： 科学家说，有些鲨鱼不太喜欢人肉的味道，所以通常会只咬一口。大白鲨是因为误把人类当成海豹，所以才会攻击人类，而且通常只是为了确定我们是不是海豹，所以才会咬上一口。

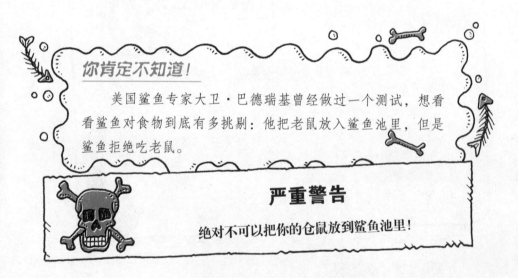

你肯定不知道！

美国鲨鱼专家大卫·巴德瑞基曾经做过一个测试，想看看鲨鱼对食物到底有多挑剔：他把老鼠放入鲨鱼池里，但是鲨鱼拒绝吃老鼠。

严重警告

绝对不可以把你的仓鼠放到鲨鱼池里！

那么，鲨鱼危险吗？当然。鲨鱼看到猎物通常会先咬了再说（其实，它们连说也不说）。而且，即使大白鲨为了好玩而轻轻咬你一口，你也会像软糖一样断成两截。即使如此，郝冶寿先生还是不顾危险，要去观察一下大白鲨是如何攻击猎物的。他是不是脑袋进水了？

郝冶寿的鲨鱼杀戮秀

这样没问题吗？

像我这种电视明星根本不怕鲨鱼！

当鲨鱼来袭时，这个防鲨笼会保护我。

小猴用鱼血和内脏混合做成鱼饵，吸引鲨鱼前来。

加油，鱼饵来了。

冶寿先生没有注意到……

咔嚓

快来救我！

对不起，冶寿，我不会游泳！

糟糕！攻击的动作太快了，根本看不清楚发生了什么事。幸好有高科技设备可以进行慢动作重播……

▶ 鲨鱼在500米之外，就闻得到血腥味。

▶ 鲨鱼身体两侧的侧线，可以感受到100米以外的水流扰动。

▶ 鲨鱼闻到死鱼的味道了。

▶ 当鲨鱼距离猎物25厘米时，就会感应到猎物移动所产生的微弱电流，然后张口攻击！

▶ 一口咬下去！鲨鱼的三角尖牙深深刺进受害者的身体。

▶ 通常鲨鱼在咬完第一口后就会撤退，让受害者流血而死。幸好，在本影片中，"受害者"只是橡皮制的救生圈。

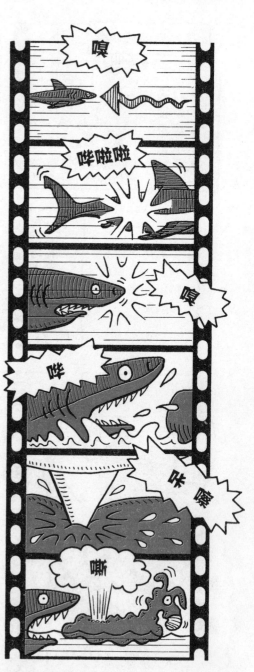

鲨口余生大考验

当然喽！你那么聪明，不可能会被大白鲨攻击，对不对？如果真是这样，你更要来参加这项残酷的大考验！

严重警告

如果你没有通过这项大考验，就会被鲨鱼吃掉！

你将展开一段终极挑战，希望这不会成为你生命的终点！

1. 在哪里游泳最安全？

a）在鲨鱼岛钓鱼比赛的场地旁，我可以在水底看人家钓鱼

b）在海豹旁边，我喜欢跟它们玩

c）在靠近救生员的小屋的地方

2. 穿什么服装游泳最安全？

a）我的黄色条纹泳装（可以吓走鲨鱼），加上我的幸运符，从而拥有双倍好运

b）整套盔甲

c）普通泳装

3. 对抗鲨鱼最有效的装备是什么？

a）洗发精

b）特制鲨鱼炸药

c）我的宠物海豚

4. 除了第3题的答案之外，还有没有可用的装备？

a）我的冲浪板，可以乘着浪头，逃离鲨鱼

b）一只可以喂饱鲨鱼的绵羊，这样鲨鱼就不会想吃我了

c）以上都不是

5. 如果你被鲨鱼攻击了，应该怎么办？

a）用冷静而坚定的语气跟它讲道理

b）用手指头戳它的眼睛，或者用拳头重击它的鼻子

c）大声尖叫并挥舞手臂向他人求救

答案

1. c）救生员可以帮助你。任何有美味死鱼或海豹的地方都会吸引大白鲨。

2. c）对鲨鱼专家而言，黄色又叫作"美味黄"，因为这种颜色似乎会吸引鲨鱼的注意。鲨鱼也会误把穿条纹泳装的人当成有条纹的热带鱼。盔甲是个坏主意，因为鲨鱼能感应到金属产生的电流，只是盔甲太重了，你会沉到水底淹死的。不过，鲨鱼专家在观察鲨鱼时会穿上一种特殊盔甲，抵御来自小型鲨鱼的攻击。

3. a）洗发精多含有月桂基硫酸钠，你只要将这种化合物喷一点儿到鲨鱼的嘴里，就可以把它赶跑，让它再也不敢无"发"无天了。用炸药攻击会使鲨鱼受伤，但也会使它们变得更加危险。20世纪50年代，美国科学家曾经想训练一只名为西摩的海豚与鲨鱼搏斗，但是西摩看到体型比它大的鲨鱼吓坏了，

立刻转身逃跑了！依我看来，西摩真是一只聪明的海豚。

4.c）如果从海底往上看，冲浪板的形状很像海豹，所以也会吸引鲨鱼。另外，根据美国科学家彼得·克林里所做的实验显示，鲨鱼讨厌吃毛茸茸的绵羊，这个点子还真是让人心里发"毛"……

5.b）如果鲨鱼逮到你了，奋力还击才是上策。

你的分数（每答对1题得1分）

5分：恭喜你！你已经通过鲨口余生大考验了！你非常清楚遇到鲨鱼该怎么做，绝不可能成为鲨鱼的点心！

3~4分：要小心！你犯了一些愚蠢的错误，可能会失去一只胳膊或者一条腿。

1~2分：你对鲨鱼一点儿也不了解，随时都可能发生意外！

0分：你惨了！更正确的说法是：你死定了。

你肯定不知道！

1. 1957年，因为一连串鲨鱼攻击事件，南非政府派出军舰向鲨鱼投射深水炸弹。他们原本想借此吓阻鲨鱼，但徒劳无功，鲨鱼攻击事件仍持续发生。

2. 在古代，夏威夷的犯人曾被迫与饥饿的鲨鱼打斗，唯一的武器是一颗鲨鱼牙齿。我想最适合进行这种打斗的时间应该是在下午茶时，因为那就是用来"闲磕牙"的时间嘛！哈哈！

哦，我好怕哦！

无论你是神秘的鲨鱼专家，还是患有严重恐鲨症（异常害怕鲨鱼的心理疾病）的人，你一定会同意鲨鱼是这场"最危险动物杀手选拔赛"的有力竞争者，但是，等等，刚刚报名的一名参赛者好像也很厉害……

动物杀手通缉令

红腹食人鱼

哎呀！

横行地区：潜伏在南美洲的河流中。

罪行：可以在短短几分钟内，将其他动物吃得只剩一副骨头；如果它们被困在即将干涸的湖泊中，行为将更加恶劣。

其他亲戚：有些食人鱼吃素，我打赌水果和蔬菜看到它们一定吓得发抖。

小心！红腹食人鱼非常可怕凶残，千万别把脚指头伸进河里逗弄它，并且绝不可以带红腹食人鱼回家和你的宠物金鱼做伴。

遇上红腹食人鱼之前　　　　几分钟之后……

等等，我们的评审好像并不同意这样的看法……

最危险动物杀手选拔赛

事实上，红腹食人鱼并没有这么危险，充其量只是一些胆小鬼！因为：

▶ 它们竟然害怕阴影；

▶ 它们顶多曾经咬掉了人类的一两根脚指头，但是没有证据证明它们曾经杀过人。

我们裁定，红腹食人鱼不符合参赛资格！

评审团

看来水里应该没有其他候选者了⋯⋯真的吗？另一只丑陋的动物正从河水里冒出头来⋯⋯

你可以翻过这一页，不过，要小心你的手指头！

呃⋯⋯鳄鱼！

凶恶的鳄鱼

本章所要介绍的动物，可能会破坏你将来在溪流中玩水的兴致，因为如果你太靠近它们，你的未来也没有多少日子了。不骗你！等你看完下面的机密档案就会明白……

危险动物的机密档案

名称：尼罗鳄

动物种类：爬行类

可怕的特征：

是的，鳄鱼确实有"心"，而且和人类一样有两个心房、两个心室

嘴巴和鼻子之间有坚硬的上颚，可以保护鳄鱼柔软的脑部，以免它攻击猎物时，被猎物踢伤

鳞片般防水的皮肤

扑通

鳄鱼的心脏

咔嚓

防水的蛋

鼻子、耳朵和喉咙都有盖子，可以阻止河水流入。这些盖子都是必要的构造，因为鳄鱼没有可以把嘴巴封住的嘴唇

尾巴强壮到可以打断鹿腿

饮食习惯：肉食性动物。吃鱼类、哺乳类、鸟类，以及任何能够咬到的动物，例如……人类！鳄鱼一个星期只需要吃一餐。

杀人纪录：每年数百人。

栖息地：热带到亚热带的河流与湖泊。

体形大小：体长约5米，而且年纪越老，体形越大！好消息是鳄鱼随着年纪逐渐增长，牙齿会逐渐脱落；坏消息是它们光用牙龈就可以把你咬死！

你肯定不知道！

大多数爬行类动物发不出声音，但是鳄鱼会吼叫。鳄鱼的吼叫声很像从远方传来的雷声。我可不喜欢一早起来就听见它们在我的浴室里唱歌！

危险的鳄鱼家族

大多数鳄鱼都不会攻击人类，听到这个消息你一定很高兴；不过坏消息是，还是有些鳄鱼会伤害人类……

短吻鳄

体形大小：公鳄体长约3.5米。

栖息地：中南美洲、美国南部、中国（中国的扬子鳄属于短吻鳄的一种，体形比较小，一般不到2米）。

危险性：对人类而言，美洲短吻鳄算是比较和善的爬行动物。在美国，一年之内大约只有一个人会被短吻鳄咬死。不过，这并不表示它们很安全。如果你在它们盘踞的河流中泡澡，小心它们让你在沐浴时间上演《"浴"血惊魂记》。

湾鳄（又名咸水鳄）

体形大小：体长约6米。

栖息地：南亚及太平洋地区（包括澳大利亚）的河流及海岸，有人曾在离岸970千米远的海上发现了它的身影。

危险性：这种危险的动物认为它们生活的河流只属于它们自己，所以会毫不留情地吃掉所有入侵者。在澳大利亚，每年大概有两个人会被湾鳄吃掉，比世界上其他地方都多。

找不同

在下面两张图画中，共有3个不同点，你能把它们全部找出来吗？

长吻鳄　　　　**短吻鳄**

答案

1. 长吻鳄的口鼻部比较长。
2. 长吻鳄的嘴巴可以看到露出的下排牙齿。
3. 长吻鳄把蛋埋在沙子做成的窝里；短吻鳄用腐败的植物做窝。

长吻鳄的悲惨童年

下面是一则悲惨的故事，保证会赢得一大碗眼泪。（当然是鳄鱼的眼泪，你别猫哭耗子，假慈悲！）

几年前，科学家发现母鳄鱼也有温柔的一面。没错，它们是充满慈爱的鳄鱼。

当母长吻鳄生下大约 60 颗蛋并埋妥之后，它就会很有耐心地在蛋附近守护 3 个月，等待小宝贝孵出来。这种守护工作是必要的，因为有许多动物，包括蜥蜴、鸟类和猴子，都很喜欢吃鳄鱼蛋，所以母鳄鱼必须保护自己的幼崽。

当小鳄鱼破壳而出后，它们会呼叫自己的妈妈，让妈妈非常温柔地把它们从沙子里挖出来。然后，鳄鱼妈妈会以非常怜爱的态度，用大嘴把它们送到河里。啊，真温馨，不是吗？所以我真不想告诉你，之后这些可爱的小鳄鱼大多数都会被蜥蜴、鱼类、蛇以及其他鳄鱼吃掉。事实上，99%的小鳄鱼都无法长大。哦，真令人难过！

> **好吃！**

你肯定不知道！

1. 短吻鳄妈妈照顾幼崽的方式与长吻鳄大同小异，它们会把小宝贝送到称为鳄鱼洞的特殊水池中，我猜这种洞比河流安全得多。

2. 短吻鳄的窝可以重复使用很多年，最后慢慢形成十分柔软的小岛。小岛上会长出一些树，有一种名叫白鹭的鸟会在树上筑巢，因为有母鳄鱼在鸟巢附近，其他动物不敢靠近。不过偶尔会有小鸟从鸟巢掉下来，母鳄鱼就可以得到一点儿"回报"，这样才公平嘛！哦，这种点心好吃到让它吱吱叫。

无论是长吻鳄还是短吻鳄，听起来都很危险，你肯定不愿当鳄鱼的牙科医生。不过，有一位古怪的动物学家（专门研究动物的科学家）偏偏喜欢这项工作。查尔斯·沃特顿（1782—1864）与同时代的自然学家不同，他不喜欢听旅行家描述动物，而喜欢亲自前往动物的天然栖息地做研究。性情古怪的查尔斯曾经和凯门鳄摔跤，不过，他真的像大家说的那样古怪吗？

再见杂志 1851年

热爱动物的查尔斯访谈录

驻外记者　仇闻

我听过许多与古怪的自然学家查尔斯·沃特顿有关的传闻，而大多数传闻都令人深感忧虑。"小心！"他的一名朋友警告说，"他可能会假装成一只狗！"

他们可不是在开玩笑，至少不像查尔斯那么爱开玩笑。记者一走进他的屋子，他就开始不断地开玩笑……

仇闻（以下简称仇）：很高兴见到您，查……哇！哎哟，不要舔！

查尔斯（以下简称查）：吼——汪汪——呜！（流口水）

我踢了查尔斯先生一脚后，他才停止舔我的脚踝并开始低吠。等到他玩够了，才终于恢复正常，接着他邀请我共进午餐。整顿午餐只有面包和水田芥做成的凉拌菜可吃（查尔斯先生只吃这两样食物）。但是我实在没什么

36

胃口，因为餐桌上还躺着一只死掉的大猩猩！

仇：餐桌上为什么会有一只死掉的大猩猩？

查：我正在解剖它。你想看看它的肝脏吗？

仇（脸色发白）：谢了！我对肝脏没什么兴趣。

午餐过后，查尔斯先生带着我参观了他的屋子，我却被他家里的收藏品吓了一大跳，因为他竟然用许多不同动物的尸体拼凑成了一只怪物。接着，我们爬过一片高墙，在一棵大树上继续我们的采访。

仇：为什么要爬到树上来？

查：为了观察鸟类以及地面的野生动物，我喜欢跟鸟儿说话。

在消防队员把我从树上救下来后，我们在地面继续采访。

仇：您曾去南美洲旅行，研究当地的动物，并因此名声大噪。听说您曾尝试让吸血蝙蝠吸您的血，这是真的吗？

查：是真的！不过我抓到的蝙蝠不肯咬我。后来，我尝试让吃肉的虫子咬我的肉，那次我运气比较好。当虫子钻进我的肉时，我记录了当时的奇妙感受。

仇：您是说那些虫子很刁"钻"古怪吗？

查：不，事实上，它们非常有趣。

仇：呃，谈谈您在南美洲是怎么抓到鳄鱼的吧。

查：我一直很想近距离观察鳄鱼，所以在1819年，我花钱请南美洲的原住民用老鼠当诱饵，帮我抓到了一只鳄鱼。不过，鳄鱼被抓后，非常恼

怒，所以没有人敢靠近它。

仇：连您也不敢吗？

查：当然！其实要抓住这只猛兽很简单，我可以示范给你看！

这时候，查尔斯先生要求我像鳄鱼一样趴着。几秒钟后，他一下子跳到我的背上，把我的双手向后拉扯。

仇：哎哟——放开我！

查：你看，真的很简单吧！对不起，我突然觉得好痒。

查尔斯先生突然放开我，并用他的脚指头搔后脑勺。在他结束这个不文雅的动作后，查尔斯先生提议，他要为我表演如何用裤子的吊带抓住大蟒蛇。几个小时之后，他回家拿了裤子来跟我会合，但是我想溜了……

在本篇报道结束之前，我要郑重声明，所有关于查尔斯先生的传言都是真的，查尔斯先生是个百分之百的怪人！现在我需要休个假，放松一下……

好啦，我承认仇闻这个角色是我捏造的，但是关于查尔斯·沃特顿的所有怪异行为，都是不折不扣的事实。

你肯定不知道！

1. 查尔斯·沃特顿是第一个把自家花园变成自然保护区的人，任何人在他的花园里都不能伤害任何动物，除了老鼠。

2. 动物们好像很喜欢查尔斯，就像查尔斯也喜爱动物一样。听说他死的时候，有一群小鸟跟在他的棺材后面飞到了墓园中……喂，别想歪了，这些小鸟绝对不是要去吃东西的！

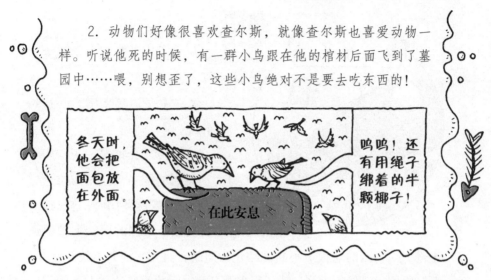

冬天时，他会把面包放在外面。

在此安息

呜呜！还有用绳子绑着的半颗椰子！

我个人认为，跟鳄鱼摔跤实在太不理智了，尤其是如果你想跟下面这些有名的鳄鱼摔跤的话，可能不得不和身上某些重要的器官说再见……

鳄鱼杀手排行榜

哗！

第 5 名

甜 心

（没错，对于一只巨大而且食肉的爬行动物来说，这个名字很奇怪，不过，请继续读下去，很快你就会明白！）

栖息地：澳大利亚一条死河的甜蜜观景台。（早就告诉你了吧！）

嗜好：咬坏船的外置马达。

命运：除了喜欢把船咬坏之外，甜心从来没有伤害过任何人。但是，不幸的是，当科学家想把它敲昏并运送到远离人类的地方时，这只咸仔（记得吗？它是一只咸水鳄）死了！

所罗门

第4名

栖息地：澳大利亚一家野生动物园。

嗜好：一边晒太阳，一边吃东西。

命运：1997年的某一天，当野生动物园的职员卡拉·布拉达向游客介绍湾鳄所罗门时，这只狡猾的鳄鱼突然咬住了卡拉的腿。卡拉的爸爸（动物园的老板）不断戳鳄鱼的眼睛，直到它放开卡拉为止。幸好所罗门已经很老了，缺了很多颗牙齿，因此没有造成太大的伤害。事实上，卡拉还说："如果我注定要被鳄鱼咬的话，我宁可被所罗门咬！"

到嘴的肥肉跑了，所罗门想必有点儿失望。不过，听到卡拉的爸爸拒绝处死所罗门，你一定会很高兴的。他说："它根本不会咬任何有骨头的东西。"当然，除了他女儿以外！

奎　那

第3名

栖息地：非洲博茨瓦纳的奥卡万戈沼泽。

嗜好：吃山羊和人。

命运：当奎那在1968年被杀死时，这只体长5.8米的鳄鱼凶手的肚子里，装了两只山羊、半头驴子和半个女人。

马上就要揭晓第一名了，不过，在这之前，差点儿漏了一位伟大的鳄鱼杀手……

第2名

嘶嘶

布赞锡南

栖息地：马来西亚沙捞越州的鲁巴河。

嗜好：玩足球和吃人。（老实说，我也不太确定这只鳄鱼是否喜欢玩足球，不过当地的足球队都喜欢用它的名字当队名，听起来比较威风。）

命运：20世纪80—90年代，这只凶恶的鳄鱼吃了数十个人，而且总能躲过猎人的追捕。曾经有一名巫医宣布要用魔法活捉这只鳄鱼，结果还是宣告失败。

接下来出场的，是史上最伟大的鳄鱼杀手……呃，它真的很庞大！

咔嚓！

第1名

古斯塔

栖息地：非洲的布隆迪。

嗜好：吓唬河马和吃人。

命运：当地居民心有余悸地宣称，这只巨鳄重达1吨，总共吃下了300多人。2003年3月，一个由跨国科学家组成的团队，计划利用大型笼子或装有弹簧的陷阱捕捉这只鳄鱼，但它多次从陷阱中脱逃。然后有一天，它突然消失不见了，从此再也没有出现过。嗯，也许它去参加饥"鳄"活动了……

我想，你一定很渴望读到一些惊险刺激的鳄鱼攻击事件。我的朋友包老实说了6件与鳄鱼有关的故事。但是小心！包老实一点儿也不老实，他给的信息一条比一条奇怪，而且从其中一条信息开

始，后面的内容统统都是胡说八道。你能指出哪一条信息之前是真的，后面的信息都是假的吗？（接下来交给你了，老包！）

包老实之
"信不信由你"
大考验

真的／假的

1. 2001年，美国佛罗里达州，有只短吻鳄想吃……一匹活马！

2. 2001年，一个在澳大利亚露营的人早上醒来，发现自己正与一只长吻鳄睡在一起！

3. 2002年，一只非洲鳄被人痛扁！

4. 2004年，一群孩子带着一只短吻鳄搭校车上学！

5. 2005年，一位老师坐在马桶上，遭到住在下水道的短吻鳄的攻击！

6. 2005年，科学家发现了长有翅膀的鳄鱼化石！

答案

1. 真的。听到这匹马能大难不死你一定很高兴，而且现在它已经是一匹勇敢的战马了！

2. 真的。那只狡猾的长吻鳄爬进了那个人的睡袋，不过幸好另一个露营的人发现了这只鳄鱼并把它赶跑了。

3. 真的。这只鳄鱼咬住麦克·博斯科·查温加，不过，这位大哥痛殴了这只鳄鱼的鼻子，最后终于脱身。结果，这

只鳄鱼的鼻子肿得奇丑无比。

4. 真的。虽然那些孩子用衣服把短吻鳄绑了起来，不过，我猜他们的老师一定吓坏了。

5. 假的。虽然短吻鳄可能会被大雨冲进下水道，但是它们并不住在那里。而且如果真的有人坐在马桶上被鳄鱼咬到，逃出厕所只会让他被咬得更凶！

6. 假的。从来没有任何鳄鱼长过翅膀……哦，别告诉我，你相信这种怪物存在。

关于这种无情的爬行动物，我们谈了这么多，不免要面对一个令人不安的问题：这些鳄鱼到底是怎么攻击人类的？哦，天啊，我相信你一定不想知道，因为那真的非常非常可怕……

嗯，郝冶寿先生准备找出答案，我有一种不祥的预感。

快点儿说啦！拜托！

郝冶寿领衔主演：《鳄鱼大追击》

这个人活得不耐烦了……

胡说！对我这种动物专家来说，这种观察轻而易举！

鳄鱼只有在肚子饿、保卫领地，或是误以为人类要攻击它们的幼崽时，才会攻击人类。

有只准备攻击的鳄鱼正在慢慢靠近……

注意看这只鳄鱼

鳄鱼潜入水中，一口咬住猎物……

扑通

惨了！

啊啊啊啊！

接着，鳄鱼翻滚它的身体，把猎物撕裂，这招称为"死亡之滚"。

这个家伙真的"滚进"大麻烦了！

可怜的冶寿先生，我猜那一定很痛！澳大利亚有一位野生动物保育员查理·芬也曾经遭到一只湾鳄攻击，那只残忍的鳄鱼咬断了他的手臂，并对他施展"死亡之滚"，幸好那只鳄鱼最后松口放开了查理那只被咬碎的胳膊。后来，查理心有余悸地回忆道："我听见了骨头断掉的声音，真是恐怖！"

从科学的角度而言，鳄鱼的进食方式仍然是个令人好奇的问题，趁着冶寿先生躺在医院静养的空当，我们去访问一下发动这次完美攻击的湾鳄先生吧！

独家专访：湾鳄的饮食习惯

我们鳄鱼会把猎物淹死——包括人类在内，这样他们就不会还击，我们也可以轻轻松松吃掉他们。

我们的嘴和鲨鱼的嘴一样无法咀嚼，所以必须把猎物撕成一片一片的，然后囫囵吞下肚。

有时我们会等待死掉的猎物腐烂，直到它们变得又松又软，更容易被撕成一片一片的。

我们的胃酸是强酸，可以溶解骨头。

可恶，为什么鳄鱼比我还抢镜头？

因为它比你有趣！

　　下面要讨论的内容非常恶心，最好别在吃饭之前阅读。曾经有个人被鳄鱼咬伤后，被丢到一旁任其腐烂，可其实他还活着……最后他设法逃出了鬼门关。但是其他的受害者都死了，而且被鳄鱼超强的胃酸溶解掉了。当鳄鱼的肚子被剖开后，仍可看见部分受害者的手指甲及脚指甲。嗯，至少我们知道鳄鱼没有咬指甲的坏习惯……

你肯定不知道！

　　历史上有许多喜欢鳄鱼的人，你可以称他们为恶人……呃，对不起，是"鳄"人。

　　1. 在19世纪60年代，非洲的巴罗策兰国王李唐甲·西波帕会把死刑犯喂给鳄鱼吃。你可以试试下面的绕口令："恶毒的国王用恶人喂食饿肚子的鳄鱼。"我敢打赌，如果你满嘴都是人肉……呃，对不起，我是说虾仁的话，你一定说不清楚。

2. 古埃及人会祭拜鳄鱼，他们相信有一只名叫阿穆特的鳄头怪兽，会在阴间吃掉坏人的心。这只鳄鱼看来很挑食，因为真正的鳄鱼在阳间连好人也吃的。

顺便提一下，大多数人都不怎么喜欢鳄鱼。许多鳄鱼都遭到过人类的猎捕、杀害，甚至被吃下肚。听说鳄鱼肉的味道介于鱼肉和牛肉之间，我想你可以用鳄鱼肉制成鱼香牛肉堡！

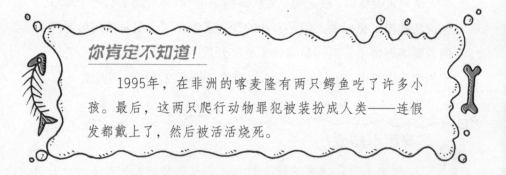

你肯定不知道！

　　1995年，在非洲的喀麦隆有两只鳄鱼吃了许多小孩。最后，这两只爬行动物罪犯被装扮成人类——连假发都戴上了，然后被活活烧死。

人类经常为了得到鳄鱼皮而猎杀鳄鱼，用于制作高级皮鞋及手提袋。20世纪60年代，美国境内的短吻鳄几乎被猎人捕杀光了。这是不是代表鳄鱼可以从最危险动物杀手选拔赛中除名了？人类对鳄鱼的威胁，是不是比鳄鱼对人类的威胁还大？

　　等等，又有一位延迟报名的爬行动物前来参赛了……

危险动物的机密档案

动物名称：科莫多巨蜥

动物种类：爬行类（说得更精确一点儿，它其实是一只巨蜥）

饮食习惯：肉食性动物，会吃掉任何咬得到的动物，特别喜欢吃野猪和鹿，不过对咬人也很感兴趣。

杀人纪录：每隔几年会吃掉一名观光客。

栖息地：包括科莫多岛在内的一些印尼小岛。

体形大小：体长约2.6米。

可怕的特征：

恶心的口臭：跟它比起来，你们家小狗都可以帮牙膏代言了

可以撕裂人体的利牙

尖锐的爪子

你肯定不知道！

除了科莫多巨蜥之外，世界上还有43种巨蜥，但是没有一种会攻击人类。不过，根据巴厘岛的传统，当地的人会把死人留给泽巨蜥吃。

那么，看起来相当残暴的科莫多巨蜥比凶恶的鳄鱼更危险喽？在等待评审裁决的空当，我们先来翻翻科莫多巨蜥办的报纸……哇，这些巨蜥父母对待幼崽的态度还真可怕！

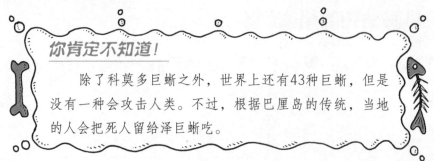

巨蜥日报

读者来信

你觉得自己的生活不够"蜥"利吗？何不写封信给郝希丽博士呢？

巨蜥心理医师——郝希丽博士

亲爱的郝希丽博士：

我是一只小巨蜥，我遇上大麻烦了。我的父母有口臭，而且想吃掉我，我该怎么办？

快要没命的读者　小巨蜥

亲爱的小巨蜥：

对一只科莫多巨蜥来说，你的情况很正常。所有科莫多巨蜥父母在自己的幼崽离巢后，都会开始想吃掉它们。

至于口臭，那其实是口腔里的细菌所造成的，但许多细菌对我们科莫多巨蜥其实是有益的。当我们咬住其他动物时，这些细菌会侵入它们的身体，并杀死它们。然后,我们再凭嗅觉找出它们腐臭的尸体（所以我们从来都不用漱口水）。

不过,如果你真的不想被父母吃掉,最好还是藏在树丛里或在粪便堆里打个滚。这样你身上恶心的臭味,就会使你的父母再也不想吃你了。这一招我用过,很有效!

亲爱的郝希丽:

我从来没有吃过别的科莫多巨蜥,但是我听说我们可以互相吃掉对方。有没有什么餐桌礼仪要特别注意的呢?

饥饿蜥

亲爱的饥饿蜥:

餐桌礼仪?别闹了!尽情享用吧!只是要从内脏吃起,而且要吃快一点儿,不要挑三拣四的,免得从食客变成食物。我个人特别喜欢搭配烂透了的鹿肉,加上一些蛆当小菜。如果你不喜欢蛆,可以用舌头把它们舔走;如果它们爬上你的鼻子,打个喷嚏就可以把它们轰走!祝你胃口大开!

欢迎光临死牛餐馆

本餐馆所提供的所有肉类,保证又臭又烂!

10分钟之内无限供应,
完全免费吃到饱!
额外赠送活蛆小菜!

附注:请将用餐时间控制在10分钟以内,否则你可能会成为另一只科莫多巨蜥的大餐!

嗯，在我看来，科莫多巨蜥已经够危险了……可是我们的评审看起来似乎不太同意！

最危险动物杀手选拔赛

虽然科莫多巨蜥的确有能力置人于死地，但它们真正杀掉的人太少，没有资格参加选拔赛。

我们裁定，科莫多巨蜥不符合参赛资格！

评审团

嗯，科莫多巨蜥的表情看起来很失望，不过鳄鱼却因为少了一个强劲的对手而欢呼！但是，鳄鱼真的危险到足以赢得这个所有动物都梦寐以求的奖杯吗？我只能说，比赛真是越来越激烈了！瞧瞧下一章要登场的动物，你绝对不能信任这群滑溜溜的家伙，因为你面对的是"蛇"蝎心肠的对手！

阴险的蛇

嘘——注意！你在阅读本章的时候，最好保持静止不动。因为最有杀伤力的毒蛇即将登场，如果你晃动得太厉害，把它惹毛了，你的小命会在"嘶"的一声之后成为历史，所以不要再发抖了，好吗？

巧的是，包老实正在写一本"未来"的畅销书（包老实打包票它会成为畅销书），主题与蛇有关。但是，包老实写书可不一定老实，以下的段落至少有 5 个错误，你能不能把它们一一指出来呢？

畅销儿童科学读物

蛇

包老实 著

这本书是真正的天才之作，而那个天才就是我！

——包老实诚意推荐

第一章 蛇的种类

毒蛇很喜欢咬人和吃人。本书将告诉你，蛇有多可怕，而且本书内容（可能）完全正确。世界上有几千种致命的蛇！以下是最致命的几种。

1. 吞象蛇

这种蛇会躲在河水中，当大象到河边喝水时，立刻抓住大象的鼻子，然后用致命的攻击咬死它们，再把血吸干。不过有时大象断气倒下时，会刚好把这些蛇压扁。活该！

嘶

2. 圈套蛇

这种美洲蛇会用嘴巴咬紧自己的尾巴，然后像圆环一样滚动，形成一个无法躲开的圈套。用来玩套圈圈，一定会赢！

哎哟！

3. 马鞭蛇

如果圈套蛇没有抓到你，马鞭蛇也会抓到你！这种美洲蛇爬行的速度比马奔跑的速度还快！它如果追上你，就会用身体把你缠住，再用尾巴将你鞭打致死！

听我的劝告，孩子们！对付蛇最好的办法就是用石头打死它们，否则它们会杀掉你，让你像石头一样，永远一动也不动。但是小心，它们的同伴会想办法报仇的！

哦，不！这是我读过的错误最多的一本书了。你从其中找出了多少夸大不实的描述呢？在我正式介绍蛇类之前，让我们先澄清一下老包书中的错误！

经典科学系列
动物的狩猎绝招

答案

错误1：毒蛇可吃不了人！它们的下颚太小，无法把人整个吞下肚，而它们的牙齿也无法把人体撕成碎片。毒蛇通常只吃像老鼠和小鸟这类小动物。

错误2："世界上有几千种致命的蛇！"胡说！全世界蛇的种类超过2500种，但只有大约50种可致人死亡。

错误3：古罗马作家普林尼曾经记载过"吞象蛇"事件，但是其实这件事根本不存在。顺便说一句，没有任何蛇会吸血。

错误4："圈套蛇"是英国维多利亚时代神话中的一种动物，根本没有蛇会这样滚动。

错误5："马鞭蛇"是真实存在的蛇类，但是它的攻击方式很传统——就是咬人。而且没有哪种蛇会鞭打受害者，也没有哪种蛇的移动速度比马快。事实上，真正的马鞭蛇移动的速度比小孩子走路还慢。

进阶加分题

如果你能指出下列这些叙述中的错误，可以获得加分！

1. "毒蛇很喜欢咬人……"不，它们不喜欢！大多数毒蛇一看到人就想逃，只有当它发现自己被困住了，或者它们的蛋受到人类的威胁时，才会迫不得已咬人。

2. "它们的同伴会想办法报仇的！"蛇不会想要为同伴报仇，而且它们根本找不到仇人呀！

我本来想找老包，当面向他质问书里的诸多错误，不过听说他去秘鲁度假了。哦，好吧，至少老包的书让我们了解了一般人对于蛇有什么错误的看法。接下来，将要揭开蛇类的真实生活，但首先还是让我们去见识一下那些总爱缠住我们的冷血家伙……

53

狡猾的绞杀者

　　巨蚺或大蟒蛇等大型蛇类，会用身体紧紧缠住受害者。接下来，勇敢的冶寿先生将为我们示范非洲岩蟒是如何攻击猎物的。千万要保重呀，冶寿先生！

郝冶寿领衔主演：《蟒蛇大莽撞》

我想，我们最好还是快点儿转移到比较安全的地方去……

哦，不，这一页也不安全！

危险动物的机密档案

名称：眼镜蛇

动物种类：爬行类

饮食习惯：肉食性动物，吃蜥蜴和其他种类的蛇。

可怕的特征：

嗯，不知道小猴的味道如何……

毒牙可注入毒液

头部的毒腺会分泌毒液

吐信可以辨识空气中的气味

活动的上下颚，可以把猎物整个吞进去

颈部可膨胀，用来吓退大型动物

蛋壳的材质为皮质，可以防水。所有的蛇都是卵生，但是有些蛇会把卵留在体内，直到孵化

身体可以接收从地面传来的声波（蛇没有耳朵）

杀人纪录：每年被蛇类杀死的总人数多达60 000人，其中很多是被眼镜蛇杀死的。哦，真恐怖！

栖息地：印度与东南亚。

体形大小：体长约5.6米。

你肯定不知道！

你以为遇上眼镜蛇已经够糟了吗？那你还没见过真正的狠角色呢！千万不要靠近蝰蛇科的成员（例如响尾蛇），除非你不想活了！响尾蛇的头部有一个被称为热感受器的组织，可以感测人体发出的热，因此即使在黑暗中，它也可以找到你。而且这类蛇的毒牙是中空的，可以注入大量杀伤力更强的毒液。（眼镜蛇和其他毒蛇的毒液是从毒牙的沟槽流出的，不过，这可不代表眼镜蛇很好"沟"通哦！）

危险的蛇家族

以下是一些毒性更强的蛇，你绝对不希望在早上起床时就看见它们……

金环蛇

一整箱的金环蛇

体形大小：体长约1.8米。

栖息地：印度与南亚其他地区。

危险等级：最喜欢趁你睡觉的时候爬上你的床。更不幸的是，它在咬人时，会向人体注入一种可怕的神经性毒素……祝你做个好梦！

响尾蛇

你嫌我的尾巴很吵吗？

不敢！

体形大小：体长约 2.4 米。

栖息地：北美洲。

危险等级：共有 29 种，全部都有毒。不过，它们每年咬死的人数还不到 15 人。

想活命就快游走！

海 蛇

体形大小：体长约 90 厘米。

栖息地：印度与太平洋。

危险等级：虽然它喜欢追逐潜水员，但其实很少咬人。不过它的毒性是所有蛇类中最强的，想试试看吗？

黑曼巴蛇

体形大小：体长约 4.3 米。

栖息地：非洲撒哈拉沙漠南部。

危险等级：它的毒性可以在 20 分钟内置人于死地。20 世纪 70 年代，南非蛇类专家杰克·席尔曾和一条黑曼巴蛇在一间小房间里同住了好几个星期。他说，保命的诀窍就是不要快速移动……算他运气好，在那段时间里没有急着上厕所的情况。

射毒眼镜蛇

体形大小：体长约 2.5 米。

栖息地：非洲撒哈拉沙漠南部。

危险等级：低。尽管如此，如果从一条射毒眼镜蛇的身上抽取出全部毒液，然后注射到 165 个人的体内，这些人一个也活不了。幸好这种蛇攻击的

喂！乱喷口水很不礼貌！

方式是喷射毒液（为什么你好像早就知道了），而且如果毒液只是喷射到你的皮肤上，根本不会构成什么伤害。不过坏消息是，如果毒液喷射到你的眼睛上，它将会溶解掉你的眼球；更坏的消息是，这种蛇攻击时会专门瞄准你的眼睛；最后可能会让你吓得尿裤子的坏消息是，它射得很准！

跟射毒眼镜蛇比射击

你需要：

▶ 一把水枪（但要确认里面装的是水，而不是蛇毒）

▶ 一颗眼球（如果你没有多余的眼球，可以向科学怪人借一颗，或者在卡片上画一个）

▶ 一卷皮尺

▶ 蓝丁胶

喂，把眼球还给我！

实验步骤：

1. 用蓝丁胶把眼球粘在墙上大约 1.5 米高的地方（最好在户外进行）。

2. 站在距离墙面 2.5 米的位置。

3. 蹲下并用水枪射击眼球。

你会发现：

射击对射毒眼镜蛇而言很简单，但是对你来说却很困难。

严重警告

你只能用水枪进行本实验，不准对眼球吐口水，也不准对你的宠物或老师吐口水！

你的老师是不是一位蛇类专家（这是对蛇类科学家的正式称呼）呢？他们可能会养一条名叫"眼镜仔"的眼镜蛇当宠物，然后每天喂它吃毛茸茸的小动物。不过，以下是蛇族的七大秘密，可能连你的老师也不知道！

蛇族七大秘密

1. 即使是学校里最凶的老师，只要被蛇瞪一眼，也会坐立难安！蛇没有眼睑，所以不会眨眼，它是靠一层透明膜来保护眼睛的。

2. 你有没有想过，为什么海蛇即使吃下刺很多的鱼，也不会被鱼刺卡到喉咙呢？其实我也没有想过这个问题，不过，显然它们可以把整条鱼吞下，然后把鱼刺排出体外。对鱼类来说，海蛇真是"辣手"的狠角色！

3. 蛇蛋是可以吃的，但是注意要挑表面光滑的蛋。表面有褶皱的蛋里有小蛇，你会被它们反咬一口，甚至中毒。所以如果你吃错蛋，就可能会完"蛋"！

它们真是我的肉中刺！

4. 虽然蛇的舌头负责嗅觉，但有些蛇仍然长有鼻孔。

好臭！

5. 蛇还会洗澡。蛇在蜕皮之前，会泡澡让皮肤滋润一番，然后从头到尾蜕下一身的蛇皮，有点儿像冶寿先生脱袜子，只不过……没那么臭就是了。

6. 蛇可以决定要往你身上注射多少毒液。蛇越生气，注入你身上的毒液就会越多！

7. 谈到毒液，美国科学家发现，百步蛇的毒液可以有效清除衣服上顽强难洗的污垢。当然，它也可以除掉顽强的人！有人想试验这种恶毒的毒蛇清洁剂吗？如果试验失败的话，至少你可以死得"清清白白"……

古怪的蛇类专家

蛇类专家们总是在尝试各种古怪的实验。

▶ 肯尼亚的康斯坦丁·伊俄尼得斯发明了一种安全眼镜，可以保护眼睛不被射毒眼镜蛇射出的毒液伤害；他还养了一条名叫"快吻"的鼓腹毒蛇当宠物；他在圣诞节时吃加彭奎蛇当大餐；他甚至为了研究黑曼巴蛇跑得有多快而和它赛跑。幸好，这种蛇跑得比这个笨科学家慢多了。

这种眼镜需要加上雨刷，伊俄尼得斯先生！

▶ 咱们的老朋友查尔斯·沃特顿（上次遇到他时，他正在骑鳄鱼），曾经在一场科学会议上放走了一条响尾蛇。我敢打赌，当时受到惊吓的科学家所发出的尖叫声，一定"响"彻云霄！

很多蛇类专家都被他们研究的蛇咬过，这种事早在意料之中。下面就来看看约翰·图米的例子。

姓　名： 约翰·图米

日　期： 1916年

职　业： 纽约市布朗动物园管理员

受伤原因： 被响尾蛇咬到

严重程度： 绝望。曾经有位动物园管理员想把毒液吸出来，但是图米的全身肿胀，极度痛苦，并不停呕吐。

医师预估： 毫无疑问，他完蛋了……

后记： 幸好，图米最后被巴西的蛇类专家维托·布雷士博士救了回来。这位博士当时正好在纽约，而且随身携带了他发明的新药，这种药专治被蛇咬伤的人，图米因此成为第一个被这种新药救活的患者。

你肯定不知道！

科学家卡尔·史密特就没有图米那么幸运了。1957年，他正在研究非洲树蛇，粗心大意的卡尔只被这种脾气暴躁的蛇咬了一口，第二天就一命呜呼了。

蛇口余生记

被毒蛇咬伤是什么感觉？真的有想象中那么糟糕吗？哦，不！远比你所能想象的还要糟上百倍！

1987 年，英国蛇类专家杰克·科尼（1924—2003）为了作研究而去采集响尾蛇的毒液。尽管杰克经验丰富，但是当他抓住响尾蛇的后颈部时，还是不幸地被蛇咬到了大拇指。

"别惊慌！"杰克冷静地告诉自己，"一定要冷静！"他知道如果觉得害怕，心跳会加速，毒液就会更快速地输送到全身各处。

他小心翼翼地把蛇放回箱子里，并用绷带紧紧缠绕那条被咬的手臂。不过他的动作还是太慢了，蛇毒已经使他喘不过气来，受伤的手臂肿成了正常手臂的 3 倍大，而且痛得让他说不出话来。但杰克还是咬紧牙关，打电话向他人求救。

在医院，杰克的心脏一度停止跳动，但是他仍然能听见并感受到医生们正在努力抢救他的生命。其中一位医生抓住杰克的手腕，测量他是否仍有脉搏，另一位医生则在他的手臂上打针。

"没救了。"一位医生说。

"他已经死了。"另一位医生附和道。

杰克觉得他的意识正在飘离自己的身体，然后一切又恢复正常了。

接下来，杰克的眼睛突然睁开，死死地盯着一座钟。他在哪里？发生了什么事？他慢慢想起自己还在医院里，而时间已经过去了 3 个小时。后来，他才知道自己的心跳

曾经停止了3分钟,而且在死亡的前一刻才恢复跳动。在接下来的5天时间里,他感到生不如死;即使在他逐渐康复的过程中,手臂仍然有好几个星期使不上力。最后,杰克终于回到工作岗位,继续研究蛇类。

在那件事情之后,他又被蛇咬了好几次。10年后,杰克谈道:"有些人认为我一定是疯了,才会从事这项工作。"

我完全可以理解那些人为什么会这么想!

你一定不想和毒蛇混在一起,对不对?以下是一些蛇类专家提供的安全小贴士,当你发现自己身陷蛇窝时将会很有帮助……

专家提供的防蛇安全守则,
出门在外务必随身携带!

1. 一定要穿长裤及靴子,可以保护你不被小蛇咬伤。

2. 一定要踩在圆木上,不要跨过去,因为可能有蛇躲在圆木的另一边。

3. 蛇的攻击范围以其身长一半的距离为限。所以如果看到蛇,一定要和它保持一定的安全距离。

4. 一定要给蛇留出让它逃跑的路线。

5. 保持冷静,一定要冷静、冷静啊!

嗯，看来毒蛇在"最危险动物杀手选拔赛"中已经胜利在望了。因为毒蛇杀死的人数远远超过鲨鱼和鳄鱼杀死的人数，蛇甚至还开枪射杀了一个人……信不信由你，这可是千真万确的事！

你肯定不知道！

1996年，中国有一位姓李的猎人。有一天，正当他觉得无聊之际，恰巧遇到了一条蛇，于是他想：如果用枪戳蛇一定很好玩。但是那条受到惊吓的蛇缠绕了枪身，并在无意中扣了扳机，打烂了老李的屁股。这位猎人很快就断气了。死因是：被蛇开枪打死！

顺便提一下，"最危险动物杀手选拔赛"仍然欢迎大家踊跃报名，下一章的主角体型超大，食量惊人，而且声音洪亮。不——我说的不是你的老师！

庞然大物

我很高兴地向大家宣布，郝冶寿先生已经从蟒蛇攻击事件康复了。现在，他将为观众朋友再度挑战本章的巨大野兽！

谢啦！冶寿先生。第一种出场的动物每年大约会杀死数百人，而且是特特特大号的杀人犯……

危险动物的机密档案

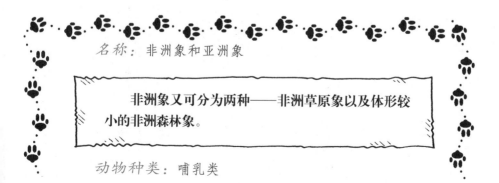

名称：非洲象和亚洲象

非洲象又可分为两种——非洲草原象以及体形较小的非洲森林象。

动物种类：哺乳类

饮食习惯：草食性动物，几乎所有的植物都吃。

▶ 它们用鼻子拔草，或者把树连根拔起，然后全部吃下肚，包括树皮和树根。

▶ 每天可吃下超过200千克的植物。想象一下，如果有一群大象到你的学校大嚼营养午餐里的青菜，那该有多么壮观呀！

杀人纪录：光是在印度的亚洲象，一年就会杀死大约200个人！不过非洲草原象才是脾气最坏的大象。

可怕的特征：

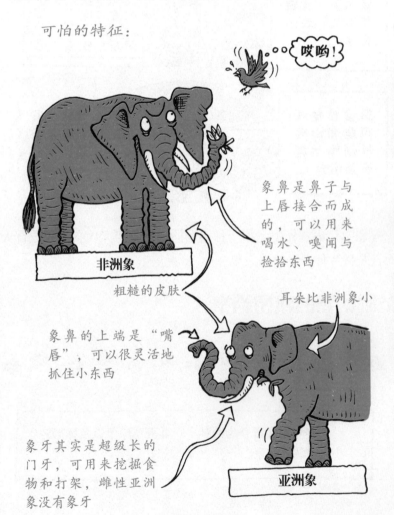

哎哟！

非洲象

象鼻是鼻子与上唇接合而成的，可以用来喝水、嗅闻与捡拾东西

粗糙的皮肤

耳朵比非洲象小

象鼻的上端是"嘴唇"，可以很灵活地抓住小东西

象牙其实是超级长的门牙，可用来挖掘食物和打架，雌性亚洲象没有象牙

亚洲象

栖息地：亚洲象的栖息地在亚洲的南部及东南部地区。（我想，当你知道两种非洲象都住在非洲撒哈拉大沙漠的南方，一定会吃惊得又吼又叫。）

体形大小：亚洲象的肩高（肩膀离地面的高度）约3米；非洲象的肩高约3.2米。

大象的全面攻击

1952年，有位名叫亨特的猎人提道："我经常被象群追着跑，这种经历真是恐怖！因为只要我的动作慢了一秒钟，象鼻就可能像蛇一样紧紧缠绕住我的脖子。"

当一个人被大象抓住时，情况会变得非常非常危险，你们绝对不会想听那些令人心惊胆战的细节……

不，我们要听！

好吧！可别说我没警告过你们！愤怒的大象会用象鼻把人抓起后再摔到地上，或是把人砸向树干，将他的脑袋撞破……最后再用它巨大、粗壮的象腿把人踩扁。你是不是认为这种死法实在是太不"象"样了？

怎么那么臭？

哦，我踩到了一个人。

所有训练大象的人都需要非常小心，因为这种残暴的巨兽生气前可能一点儿预兆也没有。20世纪初，在美国的一个马戏团里，有一只大象会表演很多特技，包括把脚轻轻放在驯兽师的头上。有一天，一位新来的驯兽师想对这只大象展开全新的训练。你猜猜看，当这位新来的驯兽师尝试上述的表演时，发生了什么事呢？

你肯定不知道！

这只美国马戏团里的大象，在杀了这位驯兽师之后，被人从脖子处吊死了。据说它的主人本来是想电死它，但是这只特大号的家伙受到电击之后，只是有点儿头昏而已。

你是一位很酷的大象专家吗？如果有一只不友善的大象闯入你的学校，你知道该怎么办吗？还是你会被吓破胆，和老师一起躲在学校厕所里呢？完成下面的挑战，你就会知道了！

你能成为大象专家吗

下面每题都有两个选项，请找出正确的答案！反正有一半的机会答对，你就放心地猜吧！

1. 怎么确定一只小象已经长成大象了呢？

a）它的声音变得比较低沉

b）它长了很多颗青春痘，而且喜欢深夜在外面游荡

不要跟鬣狗混在一起，它们晚上都不睡觉！

2. 年老的大象因为牙齿严重磨损而无法进食，老是挨饿，所以脾气变得很暴躁，还会变得更加暴力。2004 年，泰国科学家颂塞·吉尼翁送给一只无牙老象一份很棒的礼物，你猜猜看是什么？

a）假牙

b）奶昔

太好了！你自备吸管了。

3. 津巴布韦的农夫如何防止大象偷吃农作物？

a）花钱请人向大象扔石头

b）把红辣椒和大象粪便混在一起燃烧

好臭！谁昨天晚上吃咖喱了？

4. 1996 年，印度有一群大象踩扁了一座陆军基地，你知道为什么吗？

a）它们蹦蹦跳跳，造成地面剧烈摇晃，导致整座建筑倒塌

b）它们都喝醉了

答案

1. a) 这是奥地利科学家在2003年的新发现。

2. a) 没错!这真是一个值得再三"咀嚼"的故事。

3. b) 大象可以闻到距离10千米之外的农作物气味,然后顶着可怕的象牙闯进农田里,吃掉一大半的收成,害得农夫不得不挨饿。但是信不信由你,红辣椒和粪便的臭味可以赶跑它们!因为大象讨厌红辣椒(所以你绝对不会在墨西哥餐厅里看到大象)。顺便提一下,千万别向大象丢石头,这比把蟒蛇当跳绳还要危险!

4. b) 原来这群大象吃了腐败的水果,而水果腐败发酵会产生酒精,使这群大象醉了。当这群发酒疯的大象攻击陆军基地时,一名勇敢的士兵上前制止它们,但是大象立刻把营房踩扁了。答案不可能是a),因为大象根本不会跳!

喂,住"脚"!

你的分数 (每答对1题得1分)

4分:恭喜!你是一位优秀的大象专家,我猜你一定有一颗特特特大号的脑袋!

2~3分:小心!你对大象这么不了解,一定会让自己险"象"环生的!

0~1分:你最好离大象远一点儿,快躲进学校厕所吧!

如果你认为大象已经够危险了,那么下面这些食草动物就是宇宙超级无敌的危险了。请继续阅读下去,再决定哪一种动物最危险:顶着长牙的大象、横冲直撞的野牛,还是可怕的河马?

横冲直撞的野牛

美国的牛仔称它们为"水牛"，不过它们其实是北美野牛。但不管怎么称呼，它们都是令人害怕的猛兽。公野牛的体长约为4米，肩高约2米，头盖骨比你们班上块头最大的同学还厚。据说这种头盖骨还可以防弹呢！（一定可以防止被同学欺负。）

野牛很少伤人，但当它们认为自己受到攻击时，也会全力还击，例如：当人类占领了它们的栖息地，害得它们饿肚子。1799年，美国农夫塞缪儿·麦克莱伦对着一群闯入他家农庄的野牛开枪，当塞缪儿射伤带头的公野牛后，其他野牛便冲进他家，把他的家人统统踩扁！看来，这些野牛真的很生气！

防止野牛攻击的方法，就是尽量放牛去吃草。

嗯，我想，这句话不是这样讲的吧？

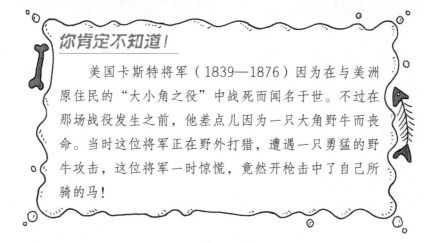

你肯定不知道！

美国卡斯特将军（1839—1876）因为在与美洲原住民的"大小角之役"中战死而闻名于世。不过在那场战役发生之前，他差点儿因为一只大角野牛而丧命。当时这位将军正在野外打猎，遭遇一只勇猛的野牛攻击，这位将军一时惊慌，竟然开枪击中了自己所骑的马！

令人毛骨悚然的河马

　　河马也是那种发起脾气来就很可怕的野兽！为了研究这种动物为什么这么可怕，我决定在学校游泳池里饲养一只看看！

如果你仔细观察河马的大嘴巴，就会知道它为什么那么危险了。

哇！这是我看过的动物打的最大的哈欠，我在白老师的生物课上也没打过这么大的哈欠！

50厘米的长牙

小河马在水中出生。

咕噜咕噜咕噜！

河马在水底打盹，睡觉时会浮上水面换气。

吼！

严重警告

和河马一起游泳非常危险，我说的不只是河马会在水里大便而已！

有一种寄生在河马眼球中的蠕虫，以河马的泪水为食物！

吸

吸

酷！我看见河马的"血汗"了！

河马的皮肤会分泌一种像血液一样红的黏稠液体，这种液体可以反射阳光、防止晒伤，就像天然的防晒油。

分泌

河马会在水里随处大便，然后用尾巴把粪便甩得到处都是。

你别以为河马的牙齿已经够吓人了，可怕的还在后头呢！下雨的星期一早上，老师们的脾气总是十分暴躁，可比起河马的脾气还真是差远了。更糟的是，人们总是惹它们生气……

▶ 人们没发现河马在水里打鼾，结果用桨打到了它的鼻子。

▶ 人们不知道河马会在夜里上岸吃东西，因此不小心撞到它们。更糟的是，愤怒的河马跑得比人还快！

无论是哪一种情况，对人类而言，结果都是死路一条。而且，受到河马攻击而死亡的人数，比受到狮子和大象攻击而死亡的总人数还多！

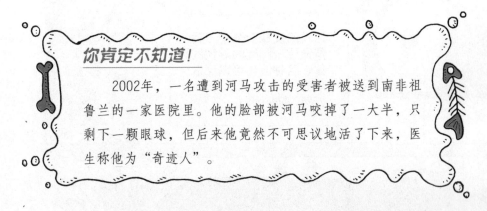

你肯定不知道！

2002年，一名遭到河马攻击的受害者被送到南非祖鲁兰的一家医院里。他的脸部被河马咬掉了一大半，只剩下一颗眼球，但后来他竟然不可思议地活了下来，医生称他为"奇迹人"。

如果你问我大象和河马谁比较危险，我会说两者的差距很小，顶多就是差一个头……但我认为潜伏在下一章的动物可就遥遥领先了！如果你有一天在森林里遇上它，一定会被它吓得魂不附体。现在，就让我们透过钥匙孔偷看一下它的真面目……

请问，你们家有蜂蜜吗？

熊出没，注意

严肃的白老师有个非常尴尬的小秘密……

白天的白老师

晚上的白老师

天啊，真令人震惊！不过，确实有许多人会把真正的熊和可爱的玩具熊联想在一起，甚至想给它一个爱的拥抱。但是如果你真的这么做了，你的命运将会"灰熊"悲惨！

危险动物的机密档案

名称：棕熊（北美洲人称它为灰熊）

动物种类：哺乳类

饮食习惯：熊是杂食性及食虫动物，什么都吃，真的！如果你不相信，请直接翻到第83页。

杀人纪录：在美国，一年不到5人。

栖息地：北美洲、俄罗斯及东欧的荒野。

体形大小：宽大多毛，肩高约1.3米。

可怕的特征：

毛皮可能为棕色、黑色或金色（千万别问灰熊它的金毛是天生的，还是染的）

嗅觉比人类灵敏100倍

性情暴躁

背部有肉峰隆起

吼！

14厘米长的爪子

具有各种不同形状的牙齿，分别用来咬碎、切断肉类，以及咀嚼蔬菜与瓜果

灰熊每隔3年可生下2或3只小熊

强壮的腿每小时可跑50千米

危险的熊家族

黑　熊

体形大小：体长约1.7米（体形比棕熊小）。

栖息地：北美洲丛林。

危险等级：大约每5年杀掉1个人。它们的栖息地离人类的村落比较近，所以攻击人类的概率也比较高。

我可是爬树高手！

北极熊

体形大小：如果用后腿站立的话，身高约 3 米，北极熊是陆地上最大型的肉食性动物。

栖息地：北极地区。

危险等级：在北美洲，北极熊平均每 3 年杀死 1 个人。在俄罗斯，它们杀的人比较少。

我们帮冶寿先生及小猴准备了完善的设备，让他们出发去北极探险……

郝冶寿领衔主演：《北极大进击》

哦，天啊！看来治寿先生陷入大麻烦了，让他从英雄变成了狗"熊"，但是他凭着自己的虎背"熊"腰，一定可以脱离危险，只要谨记这次教训，下次又可以仗着"熊"心豹子胆再次出发去探险……总之，由于治寿先生正遭遇北极熊的攻击，所以他忘了告诉我们，北极熊比较喜欢吃海豹，而不是人类。你瞧，海豹比我们肥嫩多汁，又有高能量的脂肪（称为海豹油），人类根本没得比。

所以，北极熊怎么可能会对人类比较感兴趣呢？

你肯定不知道！

信不信由你，在加拿大丘吉尔市的大街上，人们可以看见北极熊走来走去地觅食。有一次，有只北极熊甚至走进了当地的一家俱乐部。但俱乐部的经理告诉这只熊：它不是会员，所以不能进去，而那只熊竟然真的又走出去了。在每年的万圣节，当地的儿童不准化装成鬼怪外出，以免被误认为是北极熊，遭到麻醉枪射击。

放心！我不会打扮成鬼怪的！

说到北极熊，你知道它们都是左撇子吗？什么？你说这是我捏造的？问问你的老师吧！这可是个大好机会，可以用各种熊的问题折磨你的老师。（这么做完全是为了娱乐……呃，不，是为了学习！）

教师版恐怖折磨大考验

测验规则

1．本试卷的答案，不是对，就是错。

2．每题都经过精心设计，所以难得不得了。

3．如果你多愁善感，心太软，可以允许老师在回答之前，先和班上同学商量一下。

4．每答错1题，就要扣老师1分。

5．如果老师的总分是0或者更低，他就要被罚坐在整人的放屁坐垫上。

是非题

1. 北极熊是左撇子。

难怪我们写字这么难看!

2. 2003 年,阿根廷动物园里的一只北极熊被染成了粉红色。

那件事害得我面红耳赤!

3. 熊的脑部有一套冷却系统。

保持头脑冷静很重要!

4. 整个冬天,熊都不上厕所。

等到春季才能大解放!

5. 有些熊在尿尿的时候会倒立。

好啦,我知道自己还需要多多练习!

6. 棕熊闻起来有股臭鱼的气味。

你们人类也没有多香!

7. 如果被棕熊攻击,最好的办法就是爬上树。

给我拿梯子来!

1. 对！北极熊可以用左手握手，但其他的熊可就不一定了。

2. 错！粉红熊？搞得跟真的一样！其实那只熊是被抗菌喷剂染成了紫色，不过染毛总比"染"病好，不是吗？

3. 对！当熊的脑部过热时，流向大脑的血管就会释放热量给流向相反的低温血管，或是经由鼻子散热。

4. 对！熊在冬眠（就是整个冬天都在睡觉）的6个月期间，完全不上厕所。什么？想知道你的老师能憋尿憋多久？我劝你还是考虑一下，别问这个问题！

5. 对！大熊猫会把尿液留在树干上，用来标记它们的领域。它们会用倒立的方式尿尿，使尿液可以留在比较高的地方，让别的大熊猫以为它很强大。但你千万别看样学样在厕所里倒立，否则会造成不幸的意外！

6. 错！它们的气味像落水狗。

7. 对！不过，这一招只对长大的大熊有效，它们的爪子不适合爬树。

你的老师考得如何？如果他考砸了，当他从放屁坐垫上跳起来时（像吃了豆子的袋鼠一样），脾气一定很暴躁。但是，如果他考得很好，私底下一定是一位熊专家。因此，如果你把宠物熊带到学校，他应该不会太生气……"宠物熊"？我听到你倒抽了一口气。没错！下一页将向大家介绍照顾宠物熊的方法。

宠物熊

成为一只熊宝宝的主人，真的很棒，只要遵循我们的忠告，就可以享受每天数小时与熊玩耍的快乐时光。

第一课　熊的睡眠时间

当你的熊清醒时，你最好也能保持清醒。熊是晨昏行性动物（这是一种很有学问的说法，意思是说这种动物在黎明和黄昏的时候特别活跃），如果你想要饲养一只熊，你也必须是晨昏行性动物。所以，你早上要非常非常早起，啊——抱歉，我打了个哈欠！不过你千万别在

对不起，老师，我最近是晨昏行性动物！

自然课上补觉，以免老师的眼睛冒出"熊熊"烈火。

第二课　让你的熊感觉宾至如归

别奢望你的宠物熊会帮你写功课、做家事。而且如果它的行为和爱闯空门的野生北美洲黑熊一样糟糕，还会打碎你家所有的瓷器，到处留下沾满污泥的掌印，甚

妈，不是我！是熊！

至在你弟弟的床上大便。最后你的家人会受不了，你的熊也会受不了。然后，你的熊会被赶到屋子外睡觉，你也会被赶出去陪它。可是熊是野生动物，睡在树叶和垃圾铺成的床上就觉得很舒服了，但你就不一定行了。

照顾指南

第三课　喂熊吃东西

和所有哺乳类动物一样，小熊出生后需要喝妈妈又浓又香的奶。不过，到了4个月大的时候，小熊就要练习吃点儿大熊们吃的食物了。例如：

熊的豪华菜单

肉（猫食）

小型长毛动物（猫）

浆果（熊很爱吃浆果）

多汁的菜叶（例如爸爸得奖的卷心菜）

蜂蜜（特别是有幼蜂在蠕动的蜂窝）

鱼（如金鱼）

蚂蚁（木蚁尝起来像鹅莓，真的）

　　加拿大在建造横贯东西的公路期间，有只贪吃的熊袭击了建筑工人的储存物资，它竟然吃了火药！不过，千万别拿炸药喂食你的熊宝宝！

第四课 让上学变成游戏

你的熊宝宝一定会风靡全校，每一个朋友都想逗它玩，而且还把难吃的营养午餐送给它（没错，熊什么都吃）。并且，当熊大肆破坏教室时，真的很有教育意义。你的老师会很高兴和大家一起同乐，包括在足球场被熊追杀，被熊狠狠地打屁股……最后，再和熊玩一场有生命危险的摔跤！

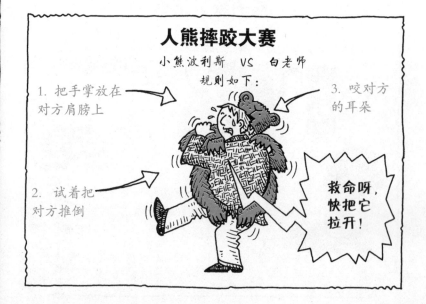

当然，这一切都只是为了好玩而已，大多数情况下不会造成致命的伤害。不过，如果你的熊和美国国家公园里的黑熊一样，有下列不良行为，你就必须制止它了！

▶ 跳上汽车车顶，破坏车门并偷吃食物。

▶ 追逐携带食物的人，直到他们惊吓得把食物丢掉，熊就可以把食物捡起来吃！

黑熊

不行，你不能吃我的肉桂卷！

和熊玩了一整天之后，你的老师心情一定很好。事实上，为了奖励你，他打算给你和你的熊放个长假，这种长假又叫作"退学"。

第五课　漫长的睡眠

大部分的熊到了秋天就会很想睡觉，而且整个冬天都需要睡眠。这时只要在花园里为你的熊挖个洞穴就可以了，如果能把你家冰箱里的食物也拿出来，我相信它一定很高兴……而且如果你仍然被禁止进屋，你可以和熊一起搬进洞穴里睡觉！不过有一个小问题……熊会打鼾！哦，你千万不要吵醒它，只能保持微笑，忍耐下去。

呼噜……

作者迟来的警告

小熊也很危险，它们的力量已经足以伤人并破坏你的家，所以你不应该养一只小熊当宠物。幸好你没把《宠物熊照顾指南》当真！

什么，你把它当真了？你要寄账单给我？啊，我最近要到秘鲁去找包老实。

你肯定不知道！

20世纪90年代，一对匈牙利夫妇买了一只可爱的小白狗。当他们的宠物狗长大后，体形异常巨大，而且差点儿把家给拆了，这让他们既害怕又困惑。最后，他们发现这只小狗原来是一只北极熊！

吼！

呃，想散步吗？

如果小熊可以对家具造成这么大的破坏，想象一下，大熊会对你造成多大的伤害！快来看看可怜的休·葛拉斯的遭遇。1823年，休是北美探险队的一员，以下是他在探险期间写的日记……

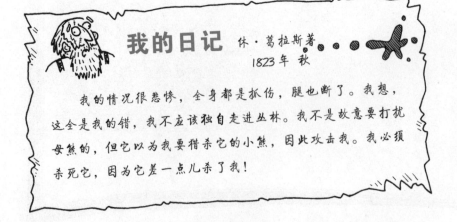

我的日记 休·葛拉斯著

1823年 秋

我的情况很悲惨，全身都是抓伤，腿也断了。我想，这全是我的错，我不应该独自走进丛林。我不是故意要打扰母熊的，但它以为我要猎杀它的小熊，因此攻击我。我必须杀死它，因为它差一点儿杀了我！

一周之后

其他人都走了，只留下约翰·菲茨杰拉德和吉姆·布里杰照顾我，直到……我一命呜呼。昨晚我听到他们的谈话，约翰小声地说，反正我已经完了，他们只要偷偷溜走，再跟别人说我已经死掉，一切就解决了。

约翰

吉姆

隔天

今天早上我醒来的时候，约翰和吉姆都不见了，他们还把我的东西全部带走了。

"吼，我还没完蛋呢！"我愤怒地大叫。

于是，我用夹板固定住断掉的腿，并用熊皮把自己包起来。我的伤口严重溃烂，而且长了很多蛆，这些饥饿的小坏蛋正在吃我的肉。我开始在地上爬，准备到基奥瓦堡去求救，不过我得爬320千米，我办得到吗？

咬

呼 呼

8周之后

我快饿死了，这段时间我靠着吃腐烂的野牛肉、浆果和蛇，才保住了性命！不过我并不想放弃。有时候，疼痛真的快把我逼疯了。如果让我找到约翰和吉姆，一定要他们好看。可是我能活到那时候吗？我刚刚抵达夏延河，已经走投无路了，接下来该怎么办？

一个月后

我得救了！我在河边抓到一根树干，随着树干一路漂浮到基奥瓦堡，我得救了。现在，我要找约翰和吉姆算账去。

你应该很高兴听到，当休·葛拉斯追上约翰和吉姆时，他原谅了他们。事实上，休很幸运，不只因为他能逃到安全的地方，还因为他在被熊攻击之后，竟然还能保住性命。熊只要用爪子拍一下，就可置人于死地，前后根本用不了 30 秒的时间。

你能成为科学家吗

1984 年，美国科学家道格·邓巴把一种防熊辣椒喷剂喷在一只熊的脸上。猜猜看，他有什么下场？

阿嚏！

啊，喷嚏熊！

a）愤怒的熊咬伤了科学家

b）没事，熊只是走开而已

c）愤怒的熊打了个喷嚏，喷得科学家浑身都是黏稠的熊鼻涕

答案

a）不过，其实这个科学家试了好几次才把熊激怒，使它攻击人，前面几次熊都只是走开而已，所以答b）可以得半分。

你肯定不知道！

科学家还试过放鞭炮、播放吵死人的摇滚乐，以及快速打开雨伞等方法，但是这些吓跑熊的方法都不太成功。有人想拿这些方法吓跑暴怒的老师吗？

所以，看来熊并不容易被激怒。真有意思，难道那些熊攻击人的事件并不能完全责怪熊吗？请参考以下的案例：美国黄石公园的管理员曾制止一名妇人的愚蠢行为，她正把蜂蜜涂在孩子的脸上，好让熊把蜂蜜舔掉；另一名男子则让熊坐进他的汽车，想拍摄熊坐在他太太身边的照片。在这些情况下，谁比较愚蠢？人还是熊？我们请来一只很有学问的熊，为我们解释一下熊和人类的观点有什么不同。

 熊的观点

 人的观点

当我们休息时，人类总是打扰我们，而且吓到了小熊。

你们是脾气暴躁的大笨熊。

你们人类为饲养牲畜而霸占我们的领域。

你们熊会吃我们放牧的牲畜。

你们会对我们开枪！

嘿，放轻松，兄弟！打猎只是一种运动！何况你们熊还偷吃我们的食物呢。

那么，是不是说熊其实并不是真的很残忍？

这可说不好。

熊在"最危险动物杀手选拔赛"中根本挤不进前几名？

你认为呢？

别急，等你读完下一章再做决定也不迟。现在，谁有勇气去喂下一组饥饿的动物？哦，谢谢你，冶寿先生！

残忍的"大猫"

首先，请回答下列问题：

▶ 你养猫吗？

▶ 你的猫是不是喜欢逗弄垂死的老鼠？是不是曾经以饥饿的眼神，虎视眈眈地瞪着你的鹦鹉？是不是狠狠地抓伤过邮递员？

如果以上几个问题，你都肯定地回答"是"，你很有可能养了一只残忍的猫。不过，就算是最残忍的猫，跟下面这些它的亲戚相比，只不过是一只喜欢装可爱的小猫咪罢了……

难怪它们都不吃猫粮，呃，有人看到冶寿先生了吗？

危险动物的机密档案

名　称：老虎与狮子（把这两种动物放在一起的原因是：它们都杀死了很多人）

动物种类：哺乳类

饮食习惯：吃肉、吃肉，还是吃肉，而且最好是大型四足动物的肉。狮子爱吃牛羚（角马）和斑马，老虎爱吃各式各样的鹿。对了，它们也不排斥偶尔吃个人！

　　杀人纪录：狮子在非洲每年会杀死数百人；老虎在印度每年杀死的人数也超过100人。

　　栖息地：大多数狮子生活在非洲开阔的草原，少数生活在印度；大多数老虎生活在丛林里，主要分布在印度及尼泊尔，少数生活在东南亚、中国及俄罗斯。

　　体形大小：狮子和老虎的体长可达2.7米（由头至尾的长度）。

　　可怕的特征：

狮掌与人的头一样大

油亮的毛皮可以防水

犬齿可以撕咬猎物

狮子

爪子和人类的拇指一样厚，可以把猎物扑倒

负责把肉切成碎片的白齿

老虎

稍微凸出的眼睛具有全方位的视野

有条纹的毛皮可隐入长草与丛林，达到隐蔽的效果

柔软的虎掌使老虎可以无声无息地接近猎物

你肯定不知道！

　　人类对残忍的老虎展开过许多次更加残忍的报复行动。1988年，印度都特瓦地区有只老虎杀了3个人之后，导致23只老虎被人类射杀，或是以残忍的方式处决：有些被电死，有些被毒死，有些被藏在死鹿肚子里的炸弹轰毙。但大多数被人类杀害的老虎，根本没有尝过人肉的滋味！

危险的猫科家族

　　虽然狮子、老虎和豹的外观不同，但都属于猫科豹属，跟其他猫科动物相比，只有它们具有吼啸的能力。（你养的猫不会吼叫，顶多只会喵喵叫，尤其是当它想吃更多的罐头，或是为了让你感到愧疚时，它会叫得更大声。）下面这些会吼叫的豹属动物，你绝对不想在黑夜中遇到它们……

美洲豹

　　体形大小：体长约1.9米。

　　栖息地：南美洲丛林。

　　致命的危险：很少攻击人类，不过喜欢用尖锐的牙齿咬人类的脑袋。说不定，它只是渴望人脑中的知识……

美洲狮（又名"酷哥"或山狮）

　　体形大小：体长约2.4米。

　　栖息地：北美洲与南美洲野地。

　　致命的危险：也会攻击人类，但真的致人死亡的案例不多。

豹

体形大小：体长约 2.5 米（包括尾巴）。

栖息地：非洲草原与印度丛林。

致命的危险：它们喜欢猎杀猴子和羚羊，还有一个更恐怖的坏习惯：喜欢入侵屋舍，趁人们睡觉的时候发动攻击。当豹想找人打架时，人类只有"豹"头鼠窜的份儿。

你肯定不知道！

1998 年，一只美洲狮偷偷溜进美国一家塑胶公司的办公室，吓坏了秘书和打字员，直到一名勇敢的员工把它锁进一间无人办公室。嗯，希望那间办公室真的是空的……

你已经知道狮子和老虎生活在不同的地方，现在请想象一下，有只小狮子和一只小老虎相遇，并聊起天来。好啦，我承认这需要很丰富的想象力……

小老虎：妈妈负责喂我吃东西。

小狮子：妈妈、外婆和阿姨都会喂我吃东西，我们组成狮群！

小老虎：我们好几天才吃一顿。

小狮子：我们也是！哎哟，我都快饿死了！

小老虎：妈妈总是让我先吃。

小狮子：好好哦！我都是最后才吃。

小老虎：我从来没见过爸爸。

小狮子：我爸爸是狮群的领袖。

小老虎：我妈妈会分泌微量的化学物质，吸引我爸爸。

小狮子：我妈妈也会呢！它们好奇怪。

小老虎：我爸爸会发出虎啸，吓退其他老虎。

小狮子：我爸爸会发出狮吼。

小老虎：如果有只新来的公虎接收我爸爸的领域，它会杀死我。

小狮子：好巧！如果有只新来的公狮接收我爸爸的狮群，它也会杀死我。

我们的童年都不好过！

小老虎：要不要一起玩打猎游戏？

小狮子：好啊！你当斑马！

事实上，小狮子和小老虎可不是为了找乐子而追逐嬉闹的。根据一些活了 50 年以上的无聊科学家们的研究发现：猫科动物小时候的游戏，是在练习成年后所需的捕猎和打斗技巧。真可惜，人类的小孩不能与自己的兄弟姐妹打架，所以无法练习生存所需要的打斗技巧。

谈到打猎，1898 年的非洲查沃地区曾经发生过一些很悲惨的事：两只狮子吃掉了 130 多个人，其中包括非洲本地人以及在当地建造铁路的印度人。以下可能是其中一名工人对案发当时的描述，如果你自认为心脏够强的话，请继续阅读下去……

亲爱的大姐：

我目前人在查沃，协助当地人建造铁路，却遇上了非常可怕的惨剧，很多工友被两只狮子吃掉了。我们先是在深夜里听到惨叫声，接着是一阵骨头被咬碎的声音，等到了早上，就看见地上有残缺的头颅以及……一摊血水。

我们的老板派特森上校，在营区四周加装了有刺的铁丝网，

并且派出警卫站岗。但是这两只狮子就像恶魔一样，什么都不怕。有些工友私底下说，这两只狮子是杀不死的，他们把其中一只叫作魔鬼，另一只叫作黑暗。我们很害怕，晚上都爬到树上去睡觉。但是，我们太重了，把树都压垮了！我好害怕自己会成为下一名被害者……

请为我祈祷！

弟 高芬达 敬上
1898年11月30日

经典科学系列
动物的狩猎绝招

亲爱的大姐：

　　从上一封信到现在，又发生了许多事情。派特森上校建造了一座大型的木制陷阱，并且成功捉到一只狮子。但是一些协助上校的警察企图开枪射杀这只猛兽，结果不小心射到锁，让狮子溜走了！

　　当时老板派特森上校正好前来视察，狮子于是攻击了他，并把他最好的衣服扯碎了。大老板非常生气，尤其是当狮子吃光他养的山羊时（只有一只不是狮子吃的，而是被上校开枪误杀的）。

吼！

　　接下来，上校利用树枝做了一个摇摇晃晃的平台。他告诉我们，他每天晚上都要到平台上守候，直到成功射杀狮子为止。几天之后的一个夜晚，狮子现身了，但是就在那个时刻，有一只猫头鹰正好停在上校的头上。上校仍然设法开枪，并射中狮子，他真是太高兴了。昨天，上校更高兴了，因为他追踪并射杀了第二只狮子。

　　我们这些工人也很高兴，因为我们每天晚上睡觉前，不用再担心会不会成为狮子的消夜。派特森上校万岁！我觉得我们都该放个假庆祝一下！

　　　　　　　　弟 高芬达 敬上
　　　　　　　　1898年12月30日

我用树枝把死狮子撑了起来！

97

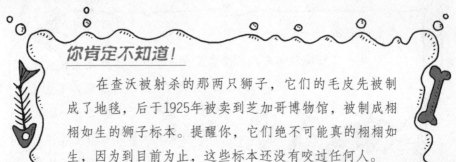

在查沃被射杀的那两只狮子，它们的毛皮先被制成了地毯，后于1925年被卖到芝加哥博物馆，被制成栩栩如生的狮子标本。提醒你，它们绝不可能真的栩栩如生，因为到目前为止，这些标本还没有咬过任何人。

在非洲仍有许多吃人的"大猫"，而冶寿先生大概是脑袋不清楚，竟然要到那里做近距离的观察。以下是小猴的连线报道……

郝冶寿领衔主演：《"大猫"，大麻烦！》

科学趣闻

豹会把猎物拖上树，这样狮子和鬣狗就不能偷吃它的猎物了！

现在，让我们回答一个非常难的问题：为什么狮子、老虎和豹要攻击人类？因为它们不喜欢我们吗？答案是：不！不过冶寿先生可能会这么说……

"大猫"吃人类的主要理由是它们饿了，而我们又很容易被猎捕。其他的原因还有：

▶ 它们太老了，没有力气去追捕惯常的猎物。

▶ 它们在与其他动物或人类打斗时受了伤。

▶ 人类为了放牧牲畜，赶走了它们惯常的猎物。

换句话说，如果有只"大猫"吃人，那可能是人类自己的错。不过，实际的状况却有点儿复杂……

▶ 并非所有"大猫"都会吃人，即使在它们很饥饿的情况下。

▶ 有些"大猫"在不是很饥饿的时候，也会攻击人类。

▶ 有些会吃人的母"大猫"，还会训练它们的幼崽吃人。

以下是一些不太"喵"的恐怖"大猫"……

危险"大猫"咬人事件

▶ 印度科比特国家公园曾经想要射杀园区内的一只老虎，因为这只老虎攻击了一个叫作阿里的年轻饲象员。尽管这名年轻人当时向所有他能想到的神灵进行了祈祷，但是老虎还是咬伤了阿里的头顶，而且几乎咬掉了他的手指头。幸好阿里饲养的大象用象鼻子把他高高地举了起来，并送往安全的地方。后来，阿里还为这只野兽向官员们求情，请他们能免这只老虎一死，最终他的请求被批准了。老虎最后被送到动物园，阿里还去拜访它呢！

欢迎来到狮穴！

▶ 1870 年，一个名叫詹姆士·罗宾森的马戏团正在美国密苏里州米德镇演出。它的乐队有 10 名成员，当时正在狮笼上面演奏着轻快的音乐，不过笼子的顶有点儿破旧……"哗啦"一声，整支乐队都掉进狮笼里，其中 7 名成员被狮子吃掉。我猜，那只狮子一定很不喜欢他们的音乐。

▶ 1937 年，有位名叫哈乐德·大卫森的英国牧师，和一只名叫佛莱迪的狮子被关在同一个笼子里。（牧师失业之后，想赚点儿钱。）不过，当笨拙的牧师不小心踩到狮子尾巴时，佛莱迪便开始享用牧师大餐……

▶ 全世界有数以千计的人无视危险，饲养"大猫"作为宠物。在巴西，有些人甚至把它们当作看门狗！呃，对不起，是看门猫，许多闯空门的小偷都成了它们的消夜。（我很好奇，对于这些"大猫"而言，这些小偷是否分为牛肉口味、奶酪口味，甚至素食口味呢？）

▶ 2003 年，有个住在纽约的怪人养了一只老虎、一条鳄鱼和一只小猫作为宠物。但是，老虎决定吃掉小猫。主人企图抢救小猫，结果也被咬伤。最后，老虎被关进动物园，主人被送进医院，小猫则吓得休克。

被自己的亲戚吃掉，感觉太惨了！

嗯，看来又是我们人类让"大猫"吃人的问题雪上加霜。那么，这是不是意味着吃人的大猫不算残忍的动物？如果它们算是残忍的动物，它们比鲨鱼更杀气腾腾，比蛇更阴险吗？或者比下一章登场的动物更凶狠？

请继续阅读血迹斑斑、狼嗥鬼叫的下一章……

凶狠的狼

    童话故事里有许多打扮成老奶奶或小猪的大野狼，不过，真正的狼比它们更加危险，更加吓人。事实上，依我看来，我们已经找到最危险的动物杀手了！为了证明我所言不虚，现在我要把灯关了，然后告诉你一则与狼人有关的恐怖故事。警告你！这个故事的内容真的很惊悚！

邪恶的狼人

    你开始坐立不安了吗？那我就可以开始讲故事了。很久很久以前，在寒冷又荒凉的法国奥弗涅山区，住着一位坏心肠的贵族，名叫维果伯爵，专以攻击老百姓为乐。他实在是太邪恶了，连他的母亲都不说他一句好话。有一天，维果伯爵攻击了一名年轻的女孩，女孩的两个哥哥听到妹妹的尖叫声，急忙跑去救她。最后，两名年轻人英勇地击退了伯爵。当伯爵逃入森林时，女孩的一个哥哥诅咒他："你的行为天地不容，维果伯爵！"维果伯爵听了，满不在乎地大笑起来，但几分钟之后，他的笑声竟然变成了恐怖的尖叫声。一只大野狼毫无预警地从树丛里跳出来，用它布满利牙、滴着口水的大嘴，狠狠咬住伯爵。

    "救命啊！救命啊！"伯爵喊叫着。

有位老人听到伯爵的呼救，叫他的狗去攻击狼。但是，狼把狗的喉咙咬断了。随后，狼发出一声凌厉的嗥叫，把老人吓得全身发抖。接着，狼就跑进丛林里去了。

伯爵躺在暗红色的血泊中，竟然还活着。但是老人害怕野狼会再回来，一直等到天亮，才把伯爵送到安全的地方。

维果伯爵的伤势逐渐复原后，完全变成了另一个人：他开始吃生肉，而且在一天夜晚消失不见了。从那时候起，山区便开始出现狼嗥。嗥叫声响彻墨考丛林，把农夫们吓坏了。有些农夫说，他们看到了一只大野狼；有些农夫私底下惊恐地表示，这只动物正是维果伯爵，他已经变成了狼人——变成狼的人。

紧接着，是一连串的谋杀案，许多人被撕成碎片，可见这只狼凶手已经不是一只普通的狼了。好几次，猎人们对着这只野兽开枪，子弹明明击中了它，但最后还是被它脱逃了，而且毫发无损！也许那个年轻人的诅咒成真了，伯爵与天地为敌！

士兵与猎人都在搜捕这只狼，却一无所获。就算最勇敢的猎犬，只要闻到这只野兽的气味，也会因为害怕而蜷缩成一团，并低声悲鸣。这场杀戮持续了整个冬天，一直到第二年的春天仍然没有停止，没有人敢走出自家大门。最后，国王派出了宫廷猎人安东尼·德·彪腾前去猎杀野狼。猎人很有耐心地绘制出山区的地图，再搜索这只野兽的巢穴。然后，他率领了一支由人和狗组成的队伍，前往黑暗的深谷，因为他认为狼就住在那里。

四周静得可怕，连鸟都不敢鸣叫，但有只动物正在树丛后面虎

视眈眈，那只动物体形庞大，十分凶残。突然，野狼发动攻击了。安东尼果断开枪射击，其他人也都开枪射击。他们的子弹全都打到这只野兽身上，但是它并没有倒下，直到它邪恶心脏里的血全部流光。

最后，野狼终于死了。至于维果伯爵，再也没有人见过他。不过，他一定死得既不幸福也不快乐！

事实真相究竟如何

1765年，有只大野狼咬死了100多人，而且据说它就是维果伯爵。这只野兽在1767年被射杀。不过，科学家不相信真有狼人存在，许多人认为那种可怕的野兽是狼与狗交配后所生的品种。嗯，也许我们应该只谈科学家相信的部分。

危险动物的机密档案

名称：狼

动物种类：哺乳类

饮食习惯：肉食性动物。狼会独自猎捕小动物，但如果要猎杀像驼鹿类的大型动物，就必须集体合作。

杀人纪录：狼有时会杀人。

栖息地：北美洲（主要在加拿大和美国的阿拉斯加）、俄罗斯、东欧以及亚洲的部分地区。

体形大小：公狼体长可达2米，肩高可达85厘米。

可怕的特征：

耳朵会转动，可以听到来自四面八方的声音

嗅觉比人类灵敏100倍

犬齿可以撕咬猎物

有力的下颚可以咬碎骨头

厚重的毛皮

脚掌有类似蹼的构造，方便它在雪地上奔跑

危险的狼家族

狼属于犬科动物，这一科的动物有红狼、郊狼、狐和狗。其中只有狼和狗会杀人（关于致命的狗，请参阅第111页）。不过在美国，据说郊狼只要透过窗户瞪着屋内的猫咪，然后把气呼在玻璃上，就会使猫咪崩溃。（我说的是真的，这可不是我捏造的！）

犬科动物通常过着群体生活，狼所组成的群体称为狼群。猜猜看，你在狼群里会怎么生活？会比你在家里还糟吗？

小狼的生存守则

1．狼群是由领袖公狼和母狼统治的，它们就是你的爸妈。它们说的任何话都是命令，不准顶嘴。

2．你一定要遵守这些规则，否则你的屁股会被咬，甚至你会被杀掉。

耳朵伸直　露出牙齿　尾巴翘高

蹲下　你　低鸣

摇尾　张开嘴巴　爸爸

3．见到爸妈要蹲下，正确的姿势请参考上面的简图。

4．当爸妈外出打猎时，姐姐会照顾你。如果你很乖，爸妈会带回一些美味的肉当作晚餐，让你吃个过瘾。

5．你可以整天和兄弟姐妹玩耍。事实上，这是挑选未来领袖的方法。

6．你想在哪里大小便都可以，不过最好到你们狼族地盘的边缘，这样可以吓退外来的狼。

当一只小狼要遵守那么多规则，当一只大狼又会怎样呢？我们还是来看看这份狼族办的报纸吧……

狼族日报

新书推荐
野狼版《乐在狩猎指南》

如何判断出鹿群中最弱的一只驼鹿，轻松地把它撂倒，并撕成碎片？这一切全靠团队合作！

这本书让我吃到很多好料，而且书中没有太多错误的嗥叫。

——大野狼推荐

狼与狼

不动产经纪人

我们保证不让其他狼群的狼跑进你的地盘！

你在寻找可以打猎的场地吗？

加拿大境内最优良的猎场

500平方千米，有很多驼鹿可吃！最适合日渐扩张的狼群！

▶ 附设野狼专用豪华会议室。

▶ 提供许多半嚼碎的兽骨给您的小狼当玩具。

▶ 适合小狼出生的巢穴（好啦，它只不过是地上的一个洞，不过，对我们狼族来说就像皇宫一样）。

最新畅销专辑

聆听本世纪最美妙的狼声合唱团，嗥叫它们最著名的歌曲，包括长期荣登排行榜的冠军金曲，保证回味无穷、温馨感人。

吼——滚出我的地盘，不然我们要把你们咬成碎片！

奇妙的感动——因为我要"赶"快"动"身逃到安全的地方！

——狼族乐评人

依我看来，狼听起来挺危险的，如果有人敢对着狼号叫的话，他一定像水母一样无脑……

郝冶寿领衔主演：《与狼共嗥》

冶寿先生与小猴正在加拿大研究狼群的世界……

我要声明一点，狼对任何动物都非常残忍，包括对其他狼群的狼。如果它们真的像我们想象的那么残忍，铁定会赢得"最危险动物杀手选拔赛"的冠军。但是，它们真的是最残忍的动物吗？嗯，有件事绝对是真的——人类已经杀死了几百万只野狼。几百年前，北美洲、欧洲和亚洲大多数地区，到处都是野狼，但是如今，譬如欧洲，野狼已经因为人类而绝迹了。

▶ 英国的最后一只野狼在 1743 年遭到射杀。

▶ 美国的野狼在 20 世纪 20 年代几乎被杀光。

▶ 法国的野狼在 1927 年全部被捕杀殆尽。

然而在同一时间，人类又欢迎几百万只狼进入家中！不，我没开玩笑，这千真万确！

你肯定不知道！

许多科学家认为，人类曾经饲养狼来帮助打猎，狗就是那些狼的后代。狼和狗有许多共同点，它们会使用同样的声音或动作来表达情感。

▶ 它们用吠声发出警告，用摇尾巴表示友善，而且发脾气时都会噪叫。

汪！（危险！）
摇！哈啰！
吼！（晚餐！）

▶ 当你的狗希望你喂它时，是不是会发出鸣声并舔你？小狼希望父母喂它时，也会做同样的动作。

▶ 当你对狗发脾气时，如果它发出低呜，并且趴在地上，表示它把你当作老大。

▶ 你的狗是不是坚持嗅闻电线杆，再在上面撒一点儿尿？野狼在画地盘时也会做同样的动作（你的狗可能以为整个城市都是它的）。

这是我的地盘

狗　　人

但是当狗被人类饲养了1万年之后，狗和狼的外观就很不一样了。而且人类和狗培养出了深厚的友谊……一般来说啦！

疯狂狗吠大考验

下面有3句与狗有关的叙述，你知道哪些是真的，哪些是假的吗？

1. 2003年，日本一家公司发明了一种机器，可以把狗的叫声翻译成人话。

2. 巴西有位医生曾训练他的狗协助开刀。

3. 曾经有一只狗当上了挪威的国王。

答案

1. 真的！日本有家玩具公司发明了一种名为"狗语"的机器，可以录下狗发出的声音，然后分析声音的模式，再转换成人类可以理解的信息。他们后来还针对猫设计了类似的机器。

汪汪呜呜哇哇！

如果你再不带我出去散步，我就要尿在你的名贵地毯上！

2. 假的！你生病时，会想找狗看病吗？我想不会！

3. 真的！传说挪威古代有位国王爱斯坦，当他占领了敌人的土地后，便强迫当地人选他的狗当统治者。我猜这只狗一定会强迫所有国民对它汪汪叫。

令人畏惧的狗

大多数的狗都被人饲养而且不会攻击人类，但是有些狗可能还是很危险……

▶ 世界上的许多地方都曾受到过流浪狗（大多数是被弃养的宠物狗）的威胁。这些四处流窜的狗群由各种类型的狗组成，但通常会由一只大型犬（例如德国狼犬）领头。

谋杀案
通缉令
恶犬帮

帮派首脑（画家凭印象绘制）

2001年，这群恐怖的恶犬袭击了纽约市的斯塔滕岛动物园，杀死了两只沙袋鼠、4只鹿和一对孔雀。

悬赏：1500元以及无限供应的狗饼干。

▶ 在美国，每年大约会有 18 个人被狗攻击致死，而且大约有 300 000 人必须住院治疗。事实上，被狗攻击致死及受伤的人远比受到鲨鱼、蛇、熊和山狮攻击的总人数还多。

▶ 2001 年在澳大利亚芬瑟岛，一种名为丁哥的澳洲野狗咬死了一名男童。

▶ 有些品种的狗被训练成了互相打斗的斗犬，例如斗牛犬，但在大多数国家，斗犬是违法的。2002 年，美国加州有几名窃贼原打算偷走一窝小斗牛犬，并训练它们互斗。不幸的是，他们偷错了，他们偷走的是小吉娃娃……

我猜这些小偷真是走了坏狗运，现在一定有如丧家之"犬"。

那么，这一切对我们的选拔赛有什么影响呢？是不是干脆直接把崇高的奖杯颁给狗狗呢？还是我们蜀犬吠日——少见多怪，真正的狠角色还没出现？嘿，别走开！听说最后的结果出来了！

比赛结果即将揭晓……

欢迎来到"爱你蹲动物园"！我们将在这里宣布第一届可怕的科学"最危险动物杀手选拔赛"的优胜者，所有本书提到的动物都在场，除了大白鲨之外（没有人胆敢去邀请它）。

现在就请冶寿先生为我们宣布！

全世界最危险的动物

哦，天啊，大厅一片混乱。冶寿看起来很沮丧，动物们气疯了，而包老实则带着奖杯溜掉了。我们来问问冶寿，为什么他看到结果之后这么沮丧……

我认为冶寿说的有道理，所以还是请评审说明一下他们的理由。

最危险动物杀手选拔赛

我们不认为所有的人类都比老虎还残忍，但是……

1. 有些人真的杀害了许多动物。

2. 人类杀死以上参赛动物的数量，远比这些动物杀死的人多得多。

3. 人类甚至已经把很多种动物赶尽杀绝。

评审团

真的是这样吗？让我们来看看评审的意见是否正确。人类杀死的危险动物，真的比它们杀死的人类还多吗？嗯，这方面的资料不是很完整，不过，以下是与鲨鱼有关的惊人数字：

罪行大比拼

人类VS鲨鱼（包含各种鲨鱼）

每年被鲨鱼杀死的人类：12

每年被人类杀死的鲨鱼：100 000 000

如果再加上被人类杀害的鳄鱼、野牛、熊、老虎、狮子和狼的数量……好啦，评审团说得有道理。不过，指控我们把多种动物赶尽杀绝，也太离谱了吧？

呃，其实一点儿也不离谱……

还记得我们所说的食物网和栖息地吗？（如果你忘了，请翻回到第7页。）食物网显示了生物之间互相依赖的关系，但是，当人们占领了一些动物的栖息地后，当地的食物网就会迅速瓦解。

　　而位于食物网顶端的大型肉食性动物，需要猎捕大量草食性动物，否则它们就得挨饿，甚至死亡。北美洲的野狼丛林就曾经发生过类似的事件。

　　好啦，我承认野狼丛林是我捏造的。不过，当人类占领了动物们的栖息地之后，本书中的大多数动物都会挨饿。在大象、熊、狮

子和老虎身上，已经发生过太多这种悲剧。但是当饥饿的野兽偷吃人类的牲畜及谷物时，人类就会大发雷霆，然后开始杀害动物……

你肯定不知道！

2008年，全世界有16 928种动物面临绝种的危机，其中鸟类占1/8，哺乳类占1/5以上，两栖类占1/3。光是地球上的雨林区，每个星期都有超过100种动物灭绝。

这对本书中介绍过的动物有什么影响呢？我发明了一种机器，名叫"绝种侦测器"，只要按下代表某种动物的按钮，就能知道这种动物目前的数量。如果这种动物即将灭绝（绝种），警报器会发出巨大的声响。

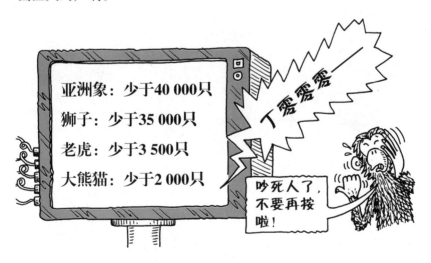

亚洲象：少于40 000只

狮子：少于35 000只

老虎：少于3 500只

大熊猫：少于2 000只

叮零零零—

吵死人了，不要再按啦！

看来人类真的导致了某些动物灭绝。希望人类不是为了钱而射杀动物，然后贩卖它们身上的毛皮或骨骼……哦，我的天，你们看我发现了什么！

包老实的动物器官专卖店

本店所有货品都保证不合法，所以如果有警察来，你要假装不认识我——懂吗？

想让你家更加气派，还可以顺便吓吓你的猫，请铺上虎皮地毯。

警告！请勿碰触虎牙！

东方医药

可爱的熊胆（负责贮存肝脏分泌的消化液）：对你的肠子和心脏有益。

美味的虎骨药酒：对你的关节有益，并可提高你的脑力。

老虎的头盖骨：古人相信睡在上面就不会做噩梦。

可爱的豹皮大衣：穿上这件豪华的大衣时，立刻觉得自己身价数万，而这正好也是这件衣服的价钱！

3万

真正野生鳄鱼皮皮鞋及搭配的皮包，最适合时尚玩家！

读者们，别担心，包老实是个诈骗专家，所以他卖的根本不是真正的动物器官！

最流行的象牙珠宝，是用真正的象牙制造的。

你喜欢大象吗？你一定会喜欢这道美味的象肉。没错，你可以大口咀嚼特大号的象排。

可耻的纪录

▶ 2005年，印度的盗猎者平均每天杀死一只老虎。

▶ 虎骨的确有止痛作用，但是其他动物的骨头也有同样效果；熊胆有医疗用途，可是人工制造的药品也同样有效。

▶ 有些人喜欢吃野生动物的肉，包括猴子和黑猩猩的肉。我实在搞不懂，怎么会有人想吃猴子？

嗯！我要吃猴子，对不起，我是说我要吃"喉"片！

不准开这种玩笑！

结论是：评审团的决定看来是正确的，有些人类的确杀害了本书中介绍的各种动物。但是，这样就可以把我们归为最残忍的动物吗？人类有没有善良又温和的一面呢？

我有预感，我们将在下一章解开这个疑问。但愿如此，因为那已经是最后一章了！

尾声：爱护动物

早在 500 多年前，人类就举办过第一届"最危险动物杀手选拔赛"。1459 年，意大利佛罗伦萨的科西莫·迪·梅迪奇伯爵就想要找出最凶猛的动物。

但结果完全不是那么回事……

因为那些动物平常都被喂得饱饱的，而任何肚子饱饱的动物，绝对不想冒着受伤的危险去打斗。所以事实证明，最残忍的动物就是安排这场可怕竞赛的人类。

但是，虽然"最危险动物杀手选拔赛"把奖杯颁给了人类，并不代表人类全都很残忍，毕竟，还是有一些人是真心关爱动物的。

你总算说对了！

还记得查尔斯·沃特顿吗？还有阿里企图营救攻击他的老虎。你对动物也很友爱，对不对？就在你读这本书的当下，许多人正在努力拯救野生动物。下面是个振奋人心的故事，包含人类最好和最坏的一面。

谋杀野牛

200年前，北美洲的草原上生活着许许多多的野牛。就算你在草原上一连走上好几天，还是能随处看见它们。科学家认为它们是有史以来数量最大的野生动物族群。但是在最近100年间，几乎所有的野牛都不见了。很多野牛是被猎人射杀了——只是为了好玩而已！

妈，你在哪里？

从前

妈？

后来

而在欧洲，野牛很早就被人类赶尽杀绝了，最后只剩一群野牛生活在波兰的比亚沃维耶札原始森林里。1914 年，人们在森林附近展开了一场战役，结果几乎所有的野牛都被杀光了。

不过，故事还没结束……

在美国和欧洲，一些残存的野牛生活在动物园中。经过长期繁殖，如今，野牛已经重返北美洲草原及比亚沃维耶札原始森林。

最后这一段最重要，世界各地有许多科学家正在研究野生动物的栖息地，想要找出保护它们的方法。

▶ 大多数国家禁止猎捕本书中所介绍的动物。

▶ 有份国际协定名为《华盛顿公约》（濒危野生动植物种国际贸易公约，英文缩写为 CITES），禁止各国买卖稀有动物及其制品。

▶ 世界各地的动物园均设法繁育稀有的野生动物。因此，即使它们在野外已经灭绝了，但至少在圈养的环境里还有几只活下来。

▶ 有些专家认为只要能进行有效的管理，打猎是保护栖息地的好办法，但其他许多专家则反对任何狩猎行为。

▶ 越来越多的观光客到野外观赏动物，有些专家希望观光客花的钱能用来保护动物的栖息地，并拯救当地的野生动物。

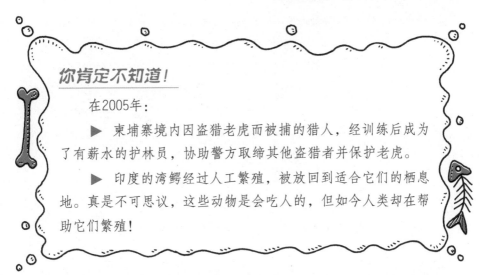

你肯定不知道！

在2005年：

▶ 柬埔寨境内因盗猎老虎而被捕的猎人，经训练后成为了有薪水的护林员，协助警方取缔其他盗猎者并保护老虎。

▶ 印度的湾鳄经过人工繁殖，被放回到适合它们的栖息地。真是不可思议，这些动物是会吃人的，但如今人类却在帮助它们繁殖！

所以，也不是所有的人类都在残杀动物。少部分人类可能是最残忍的动物，但绝大多数的人类都很关心动物。人类是万物之灵，一定能找出最好的方法，达到保护动物的目的。祝大家阅读愉快！

危险动物训练营

现在看看
你是不是一个
动物专家！

好不容易，你已经闪过眼镜蛇喷出的毒液，逃过熊掌的拍击，和可怕的鳄鱼摔过跤。但是，你真的对这些全世界最残忍的野兽了如指掌了吗？试着完成下面这一连串的大考验，你就知道啦！

野兽常识

地球上的脊椎动物和无脊椎动物，共有大约150多万种，光看完它们的名字就会让你看到眼睛痛。别担心，我可不会要你说出每一种动物的名称，你只要好好回答下面这些故意整人的问题……（全都与我们的野蛮兄弟有关，而且每一题都有好心的提示。）

1. 喜欢吃肉的动物有什么恰当的名称？（提示：古书上曾说"肉食者鄙"。）

2. 可爱的乌鸦会如何保护它的窝？（提示：呃，你可能需要好好洗个澡！）

3. 秃鹰这种可怕的腐食性动物喜欢吃什么？（提示：它们才不在乎"食品保质期限"呢！）

4. 哪种可怕的爬行动物的吼叫声很像"远方的雷声"，可以把人吓得精神错乱？（提示：它们一星期只吃一餐就够了！）

5. 为什么蛇要接收从地面传来的音波？（提示：它们没有办法戴眼镜。）

6. 为什么河马的皮肤会分泌一种红色的液体？（提示：请直接参考答案。）

7. 哪一种熊是野生动物中吃肉吃得最多的？（提示：它们可以把肉放在冷冻库中保存。）

8. 如果世界上吃肉的动物全部绝种了，吃植物的动物会发生什么事呢？（提示：这一题简单得要死！）

答案

1. 肉食性动物。

2. 长着翅膀的小战士会在入侵者的头上大便，以保护它们的栖息地。

3. 腐败的动物。

4. 鳄鱼。

5. 它们没有耳朵。

6. 防止因晒伤而受苦。

7. 北极熊。

8. 吃植物的动物会越来越多，植物会越来越少，直到这些动物没有植物可以吃，然后它们也会绝种。

杀气腾腾的鲨鱼

如果你踏入了鲨鱼出没的水域，会遭遇什么样的命运？你会在血迹斑斑的搏斗中断胳膊断腿，还是能凭借你对鱼类的知识，从鲨鱼口下逃生？快来揭开谜底吧！

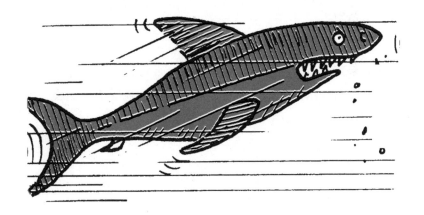

1. 大白鲨一年杀死的人数还不到两个人，它们最喜欢的大餐是什么？

a）海豹

b）海马

c）拉车的马

2. 大白鲨还在妈妈肚子里时，就从卵中孵化出来了，那么在等待出生之前，它们靠吃什么为生呢？

a）被妈妈吃进肚子里的可怜水手

b）尚未孵化的弟弟妹妹

c）薯条

3. 曾经有名美国科学家用一种毛茸茸的动物，证实鲨鱼非常挑嘴。究竟是什么动物让鲨鱼这种凶恶的杀戮机器都拒绝吃它呢？

a）狐猴

b）虎斑猫

c）老鼠

4. 一种用鱼血和内脏混合而成，用于吸引野生鲨鱼的东西叫什么名字？

a）鱼饵

b）血汤

c）荼食

5. 鲨鱼从很远的地方就可以闻到水中的血腥味，那么，到底是多远呢？

a）100 千米

b）500 米

c）100 厘米

6. 1957年，南非人企图利用什么方法把鲨鱼驱离海岸？

a）他们往水里投炸弹

b）他们往深水里投臭鸡"弹"

c）他们把牛往水里丢

7. 什么人有惧鲨症？

a）特别害怕鲨鱼的人

b）特别喜欢鲨鱼的人

c）在水族馆打扫鲨鱼大便的人

8. 你身上的什么部位有软骨（鲨鱼骨骼的成分）？

a）你的耳朵和鼻子

b）你的脚指甲

c）你的胃液

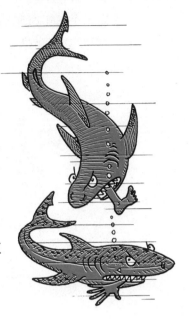

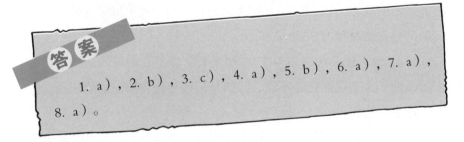

答案

1. a），2. b），3. c），4. a），5. b），6. a），7. a），8. a）。

阴险的蛇

蛇是一群滑溜溜的家伙，当你想抓住其中一条，另一条更危险的蛇却在悄悄靠近。今天你要倒大霉了！全世界最坏的几种蛇都溜进了这本书中，你能从它们的自我介绍中，辨认出是什么蛇吗？

1. 和我那些阴险的同类一样，我可以用毒牙向猎物身上注入毒液，但是我最特殊的地方是我的颈部——可以膨胀并吓退大型动物。

2. 我住在印度和南亚其他地区，可以长到惊人的 1.8 米长。我最喜欢玩的把戏就是爬进人类的床铺，并在毫无防备的受害者身上注入一种可怕的神经性毒素。

3. 我和我在美洲的 28 个亲戚全部都有毒——但这不算是我们最可怕的地方。我们最吓人的特色是有一串干皮形成的角质环，摇动时会发出特殊的声响……

4. 我可能又细又短（才 90 厘米长），但是我的毒性是所有蛇中最强的。人类的运气还不错，即使是那些打扰我睡觉的潜水员，我也很少咬他们。

5. 踢开非洲的沙堆，你或许就会发现我长约 4.3 米的黑色身体，蜷曲在炎热的太阳底下。不过，别抓我，我的毒素可以在 20 分钟内置你于死地。

6. 我住在非洲撒哈拉沙漠南部，虽然我的毒液不算是世界上最有杀伤力的，但是我注入毒液的方法真的会吓死人。如果你敢惹我生气，我就朝你吐毒液，把你的眼球溶解掉。

7. 我通常吃像小鸟及蝙蝠之类的小动物，但是如果遇到较大型的猎物，我会用特别的方法，把它们紧缩成一团。我会用牙齿咬它们，用身体紧紧绕住它们，然后用力挤——压——好臭！谁昨天

晚上吃咖喱了？

8. 当我一边晒太阳，一边睡觉时，你要是敢打扰我，我就会咬你一口，让你难过好几个小时。

　　a）海蛇

　　b）眼镜王蛇

　　c）射毒眼镜蛇

　　d）金环蛇

　　e）响尾蛇

　　f）鼓腹蛇

　　g）蟒蛇

　　h）黑曼巴蛇

答案

　　1. b），2. d），3. e），4. a），5. h），6. c），7. g），

8. f）。

庞然大物

　　下面是18世纪探险家派西法·巴统利-希金巴统所做的笔记。可惜有些字不见了！请在空格内填入适当的字，让这位探险家的动物记录正确无误。

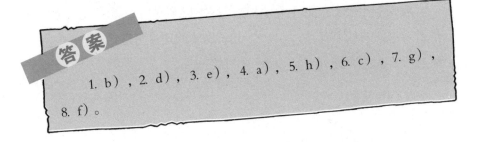

好臭！谁昨天晚上吃咖喱了？

亲爱的日记：

今天我第一次亲眼目睹了非洲的草原象。它站着时，身高超过1.＿＿＿＿＿＿＿米，此时它正用它巨大的象鼻在拔草和树根——当地人告诉我，它每天要吃掉重达2.＿＿＿＿＿＿＿的植物。

这令我想起去年我所见到的北美洲野牛，毫无疑问，那种野兽总是令人印象深刻。我见到的那头野牛，像蒸汽火车头一样强壮，而且它的3.＿＿＿＿＿＿＿厚得可以挡子弹。

到目前为止，在我所见过的动物之中，最令人望而生畏的可能是河马。它体型庞大又迟钝，牙齿超过4.＿＿＿＿＿＿＿长，5.＿＿＿＿＿＿＿里还长着小虫。真可怕！

我希望下个月能遇上北美棕熊，它们太特别了，看不见就太可惜了。它们的爪子有6.＿＿＿＿＿＿＿长，跑步的速度将近7.＿＿＿＿＿＿＿，而且每年大约杀死8.＿＿＿＿＿＿＿个可怜的人。

a）50 厘米

b）3

c）50 千米／小时

d）14 厘米

e）眼睛

f）5

g）头盖骨

h）200 千克

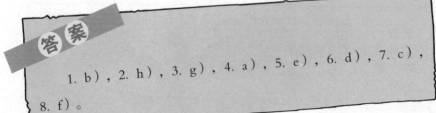

答案

1. b），2. h），3. g），4. a），5. e），6. d），7. c），8. f）。

凶狠的狼

不管小红帽的故事是不是真的，毫无疑问，即使是最聪明的狼，也不可能穿上衣服去冒充人。关于这些犬科的亲戚，下列哪些资料是真的？哪些是童话故事里添油加醋的？

1. 狼的脚有蹼。

2. 它们的嗅觉比人类灵敏 100 倍。

3. 它们的眼睛凸出，如此才能环顾四周的树林。

4. 如果狗从窗外瞪着屋里的家猫，并对着玻璃呼气，家猫会"不战而败"。

5. 公狼的肩高可以达到 2 米。

6. 有些狼会利用粗糙的工具（如尖锐的石头等）杀死猎物。

7. 中国的西北地区有野狼。

8. 狼可以嗅出 2.5 千米以外的猎物。

答案

1. 真的。它们的脚有类似蹼的构造，可以在雪地上奔跑。

2. 真的。想想看，它们在学校的另一头，就可以闻到臭小弟身上的气味。

3. 假的。它们的眼睛不能凸出，不过耳朵可以转动，能听到来自各个方向的声音。

4. 假的。这是郊狼在美国给猫造成的困扰，而不是狗。

5. 假的。2米——那也太夸张了，它们只能长到85厘米。（即使这样，已经大得吓人了！）

6. 假的。它们有可怕的犬牙，根本不需要工具。

7. 真的。中国的西北地区有野狼分布。

8. 真的。很吓人，对不对？

"经典科学"系列（26册）

肚子里的恶心事儿
丑陋的虫子
显微镜下的怪物
动物惊奇
植物的咒语
臭屁的大脑
神奇的肢体碎片
身体使用手册
杀人疾病全记录
进化之谜
时间揭秘
触电惊魂
力的惊险故事
声音的魔力
神秘莫测的光
能量怪物
化学也疯狂
受苦受难的科学家
改变世界的科学实验
魔鬼头脑训练营
"末日"来临
鏖战飞行
目瞪口呆话发明
动物的狩猎绝招
恐怖的实验
致命毒药

"经典数学"系列（12册）

要命的数学
特别要命的数学
绝望的分数
你真的会＋－×÷吗
数字——破解万物的钥匙
逃不出的怪圈——圆和其他图形
寻找你的幸运星——概率的秘密
测来测去——长度、面积和体积
数学头脑训练营
玩转几何
代数任我行
超级公式

"科学新知"系列（17册）

破案术大全
墓室里的秘密
密码全攻略
外星人的疯狂旅行
魔术全揭秘
超级建筑
超能电脑
电影特技魔法秀
街上流行机器人
美妙的电影
我为音乐狂
巧克力秘闻
神奇的互联网
太空旅行记
消逝的恐龙
艺术家的魔法秀
不为人知的奥运故事

"自然探秘"系列（12册）

惊险南北极
地震了！快跑！
发威的火山
愤怒的河流
绝顶探险
杀人风暴
死亡沙漠
无情的海洋
雨林深处
勇敢者大冒险
鬼怪之湖
荒野之岛

"体验课堂"系列（4册）

体验丛林
体验沙漠
体验鲨鱼
体验宇宙

"中国特辑"系列（1册）

谁来拯救地球